法人单位基础信息库标准与公共服务的应用

FAREN DANWEI JICHU XINXIKU BIAOZHUN YU
GONGGONGFUWU DE YINGYONG

葛健　易验 等◎著

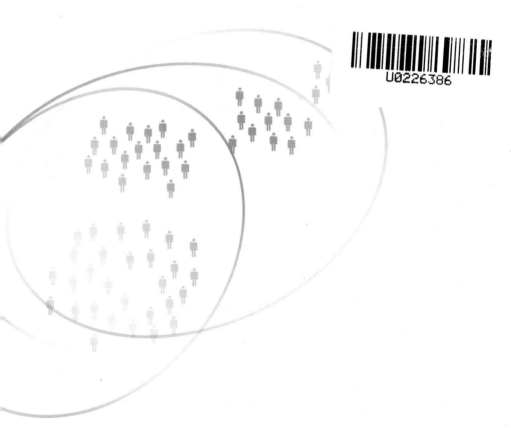

U0226386

经济管理出版社
ECONOMY & MANAGEMENT PUBLISHING HOUSE

图书在版编目（CIP）数据

法人单位基础信息库标准与公共服务的应用/葛健等著. —北京：经济管理出版社，
2018.1

ISBN 978-7-5096-5583-2

Ⅰ.①法… Ⅱ.①葛… Ⅲ.①数据库管理系统—技术标准 Ⅳ.①TP311.131-65

中国版本图书馆 CIP 数据核字（2017）第 314463 号

组稿编辑：申桂萍
责任编辑：高 娅
责任印制：黄章平
责任校对：赵天宇

出版发行：经济管理出版社
　　　　　（北京市海淀区北蜂窝 8 号中雅大厦 A 座 11 层　100038）
网　　址：www. E-mp. com. cn
电　　话：(010) 51915602
印　　刷：三河市延风印装有限公司
经　　销：新华书店
开　　本：720mm×1000mm/16
印　　张：15.75
字　　数：256 千字
版　　次：2018 年 6 月第 1 版　2018 年 6 月第 1 次印刷
书　　号：ISBN 978-7-5096-5583-2
定　　价：69.00 元

前　言

　　"法人单位基础信息库标准体系研究"是国家质检公益性行业科研专项（项目编号：10-29)，项目始于 2008 年"国家法人单位基础信息库"（以下简称"法人库"）的研究。该研究项目由全国组织机构代码管理中心承担，按照我国《电子政务一期工程建设方案》中关于法人单位基础信息库的建设目标和内容，提出了"国家法人单位基础信息库"的标准体系架构和相关理论研究成果。

　　研究针对"法人库"建设与运行的标准化需求，围绕法人单位基础信息库的属性、技术、应用、管理、安全和资源服务等方面开展研究，采用了模块化的方法，利用系统架构理论，全面地分析了法人库的信息特征、建设技术、应用服务，整体研究了已有的、在研的和待开发的法人库相关各项标准，并研究各标准之间的相互关系，确定了法人单位基础信息标准的结构、层次和分类，搭建了结构清晰的法人库标准体系框架，提出了法人库标准体系表和标准化工作指南，制定了一系列法人单位基础信息库的相关标准草案。

　　项目研究的成果由五个研究报告、七个标准草案和一个工作平台组成。具体如下：

　　研究报告：《法人单位基础信息库标准体系研究》《主数据管理与国家法人库建设》《法人库标准体系架构与模块化研究》《法人库在政务管理应用中的标准化研究》《法人库信息资源在公共服务中的应用研究》。

　　技术标准：《法人单位基础信息库标准体系表》《法人单位基础信息库标准化工作指南》《法人单位基础信息 术语》《法人单位基础信息 数据元目录》《法人单位基础信息 资源元数据》《法人单位基础信息 数据核对技术规范》《法人单位基础信息 数据交换技术规范》。

　　展示服务平台：《法人单位基础信息库标准体系展示服务平台》。

　　项目研究的特点主要表现在：引入架构理论搭建法人库标准体系、从理论研究的角度提出国家主数据概念、采用了模块化标准化方法三个方面。通过研究法人库对国家法人信息资源的协整和规范，分析政务信息与公共信息资源的整合与优化，为解决信息孤岛和资源浪费问题、实现政府部门间业务协同和信息资源共享提供了可能，为国家信息化工程建设提供了标准化的技术支撑。填补了法人库建设缺乏标准体系支撑的空白，完成了标准体系研究的既定任务。为《"十二五"国家政务信息化工程建设规划》中提出的"法人单位信息资源库"的建立提供了理论支撑和方法指南，主数据概念的提出和模块化方法的使用增强了信息化建设的系统性、适用性和可扩展性，为国家法人库应用于云计算环境提供了可行性，对国家信息化建设具有现实意义。如今，最明显的应用是国家统一社会信用代码的完成。当然我国信息化的道路还很长，相关的研究还会有很多发展与变化。国家统一组织机构代码中心的应用也在不断深化。

目　录

引　言 ……………………………………………………………………………… 1

第一章　行政管理与业务参考模型 ………………………………………… 3

　　第一节　业务分析、总体架构与业务参考模型 / 3
　　第二节　行政法学对行政管理的界定 / 10
　　第三节　地方政府业务模型分析：以北京市政府为例 / 19
　　第四节　我国电子政务业务参考模型的构建 / 21

第二章　数据参考模型与信息共享 ………………………………………… 26

　　第一节　FEA 的数据模型构建方法 / 27
　　第二节　主题数据与信息工程方法 / 30
　　第三节　对 FEA-DRM 和信息工程方法论的评价 / 32

第三章　主数据与国家主数据 ……………………………………………… 40

　　第一节　主数据与主数据管理：概念、特点及其借鉴 / 40
　　第二节　国家主数据 / 53

第四章　法人主数据及其管理 ……………………………………………… 57

　　第一节　法人主数据库及其主数据域的确定 / 57
　　第二节　法人主数据管理 / 73
　　第三节　法人主数据与业务参考模型、服务构件参考模型、数据参考
　　　　　　模型的统筹 / 77

第五章　法人主数据管理的协整与服务 ………………………………… **80**

第一节　法人主数据的整合 / 80

第二节　法人主数据作为数据参考模型构成要素的整合作用 / 88

第三节　法人库的决策支持服务 / 90

第六章　政务信息资源 ……………………………………………………… **93**

第一节　政务管理 / 94

第二节　政务管理信息化与政务信息资源 / 100

第三节　法人库与电子政务 / 102

第七章　法人库信息资源与政务管理 …………………………………… **107**

第一节　法人库信息资源与政务管理 / 107

第二节　法人库信息资源在政务管理中的应用分析 / 120

第八章　法人库标准体系对电子政务管理的支撑 …………………… **136**

第一节　标准化目的 / 136

第二节　标准化原则 / 138

第三节　标准化总体思路 / 140

第四节　支撑与共享技术 / 143

第五节　技术标准 / 152

第六节　服务资源标准化应用实例 / 156

第九章　法人单位基础信息库研究的背景 …………………………… **162**

第一节　法人单位基础信息库公共信息服务的研究背景 / 162

第二节　公共信息、公共服务、政府公共信息服务概述 / 164

第三节　电子公共服务与法人单位基础信息库存在的问题 / 167

第十章　公共服务体系与法人单位基础信息库 ················· **170**

第一节　国内外公共服务的界定 / 170

第二节　公共信息服务的基本形式 / 176

第三节　我国公共服务体系的建立 / 182

第四节　公共服务与法人单位基础信息库的关系 / 185

第十一章　法人单位基础信息库公共服务的对象和方式 ··············· **187**

第一节　信息服务对象 / 187

第二节　信息服务方式 / 189

第十二章　法人单位基础信息库公共服务的标准化 ··············· **193**

第一节　标准化的目的 / 193

第二节　标准化的原则 / 194

第三节　公共服务标准 / 197

第十三章　法人单位基础信息库公共服务的应用 ··············· **206**

第一节　实名身份认证 / 210

第二节　企业信誉服务 / 210

第三节　统一社会信用代码制度的建立 / 212

第四节　未来发展趋势思考 / 213

附　录 ···································· **215**

后　记 ···································· **242**

引　言

基础数据是国家信息化和电子政务建设的首要工具。深刻认识基础数据的性质及其作用和规律是促进电子政务发展的基本条件。在长期的发展过程中，我们对电子政务基础数据建设的性质、作用等一些理论、技术上的认识存在着一个不断演进的过程。党中央、国务院一直高度重视电子政务基础数据库建设，早在2002年，国家信息化领导小组就在《关于我国电子政务建设指导意见》（中办发〔2002〕17号）中提出了"基础数据（信息）库"的概念，并将人口、法人单位、自然资源和空间地理、宏观经济等明确为今后要加强建设的四大基础信息（数据）库。不过，对于如何认识、如何建设基础数据库，中办发〔2002〕17号文尚没有做出明确的安排。这个问题在后来的《国家电子政务总体框架》（国信〔2006〕2号）中得到了初步的解决。该文件指出，基础信息资源来源于相关部门的业务信息，具有基础性、基准性、标识性、稳定性等特征。人口、法人单位、自然资源和地理空间等基础信息的采集部门要按照"一数一源"的原则，避免重复采集，结合业务活动的开展，保证基础信息的准确、完整、及时更新和共享。基础信息库分级建设、运行、管理，边建设边发挥作用。国家基础信息库实行分别建设、统一管理、共享共用。

国信〔2006〕2号文虽然界定了基础数据的性质并明确了建设原则和管理要求，但是对基础数据的信息架构、技术手段、实现方式等问题却没有进行说明。实际上，信息化必须通过构建一定的业务、数据模型才能对具体实施工作提供指导，否则只有这些抽象的原则和要求仍然难以指导各部门的信息化业务系统建设。所以说，国信〔2006〕2号文也只是部分地解决了基础数据的认识和建设问题，很多关键环节和深层次问题还没有涉及，从而仍然不能科学有效地指导和推动四大基础数据库的建设。实际上，当前基础数据库建设过程当中所面临的推进乏力、各自为政、重复建设等问题就是这种问题的集中体现。

具体来说，这些关键环节和深层次问题主要包括以下几个方面：

（1）基础数据的建设采取何种组织管理模式。

（2）基础数据、业务数据与元数据的关系。

（3）基础数据管理与部门业务流程之间的关系。

（4）在国家层面如何实现基础信息库的"分别建设、统一管理、共享共用"？

就我们目前对基础数据库的认识，我们仍然难以解决上述这些问题。所以，我们必须从信息化的各类方法中寻找既具有充分的理论价值同时又现实可行的分析框架，为我国四大基础数据库建设特别是法人库建设提供科学、合理且行之有效的技术方法和建设途径。为此，本书首先研究国内外的有关行政管理和业务参考模型，其次分析行政业务与数据处理之间的关系，最后再在此基础上分析国家主数据管理对电子政务特别是法人基础数据库建设的方法论含义及其重要意义。

第一章　行政管理与业务参考模型

业务分析、业务建模是构建信息化总体架构的核心。业务分析不仅产生数据，也产生业务流程，还引申出绩效管理。我们先阐述业务分析在信息化一般架构设计和一些国家电子政务总体架构设计中的地位，然后再结合行政法学和北京市政府职能配置情况进行进一步的分析。

第一节　业务分析、总体架构与业务参考模型

一、信息化架构与业务建模

目前，信息化架构的常用技术和方法主要包括 Zachman 模型、业务系统规划法（BSP）、关键成功因素分析法（CSF）、信息工程方法论（IEM）、开放组织架构框架（TOGAF）[①] 等。这些技术方法都是围绕企业业务系统分析而展开的，重点解决大型、复杂组织系统的业务建模问题，为企业管理科学化、流程化和信息化提供实施依据。

上述五种技术方法又可以分为两类。前三种方法是信息化初期发展起来的，主要还是就业务过程与企业管理本身而展开的。而后两种则是完全地针对企业管理的计算机化和网络化的发展需要而展开的，其重点不仅在于对业务过程的梳理，还在于通过对业务实体的分析、抽象和提取出业务数据，从而使对业务数据

[①] 其实还有不少其他的方法，这里只列举这五种技术方法，本书在后面将对有关内容进行介绍。

的管理成为信息系统建设的重要内容，因而使对业务数据管理系统的开发成为 IT 企业的主要内容。

二、国外电子政务总体架构与行政管理的业务建模

近年来，很多国家开始应用企业信息化总体架构的思路和方法来规划本国的电子政务总体架构。其中，美国、德国和英国电子政务总体架构的设计非常受人关注，其技术方法对其他国家产生了很大的影响。

这三个国家虽然都在规划电子政务总体框架，但是却走了不同的技术道路，采取了不同的方法。德国政府的电子政务应用标准与架构（SAGA）采用国际标准化组织所发布的"开放式分布处理参考模型"作为基础来描述复杂的、分布式的电子政务应用软件设计和开发过程，强调过程化的管理和设计，整个电子政务应用体系架构模型由组织视图、信息视图、计算视图、工程视图和技术视图组成，如图 1-1 所示。英国政府的电子政务互操作性框架（e-GIF）侧重于数据交换，主要是定义跨政府和公共领域信息流的技术政策和规范，体现互通性、数据集成性、电子服务访问和内容管理等，主要内容包括四个部分，如图 1-2 所示。美国政府的电子政务总体架构设计及联邦政府组织架构（FEA）则更为完善，如图 1-3 所示，不仅包含技术应用、数据管理和业务划分，更包括业务绩效管理。

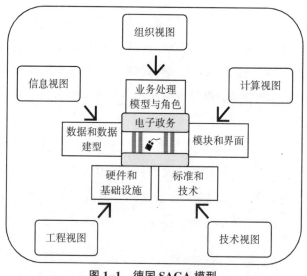

图 1-1 德国 SAGA 模型

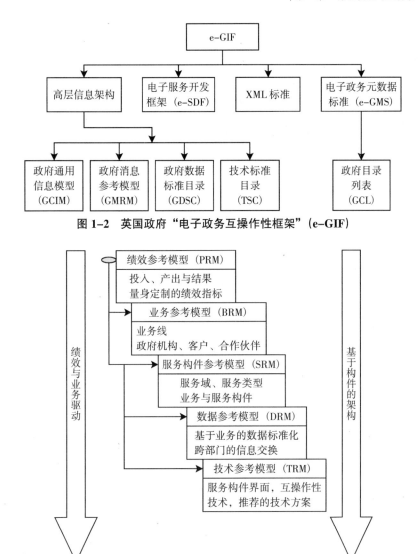

图 1-2　英国政府"电子政务互操作性框架"（e-GIF）

图 1-3　美国联邦政府组织架构

　　这三个国家的电子政务总体架构设计方案都是关于政府行政管理业务分类与梳理的内容，其中美国政府对联邦政府业务处理的分类最有代表性。这种代表性主要体现在 FEA 中的两个参考模型（业务参考模型和服务构件参考模型）对政府行政管理业务分类的处理技巧上。

　　FEA 有关业务分类与处理的最大特点，就是将其行政管理与实现管理的操作（后台业务处理）分开，前者对应于业务参考模型（BRM），后者对应于服务构件参考模型（SRM）。

BRM 是描述联邦政府机构所实施的但与具体的政府机构无关的业务框架，它构成 FEA 的基础内容。该模型描述了联邦政府内部运行与对外向公民提供服务的业务流程，而这些业务流程与联邦政府的某个具体的委、办、局没有关系。因此，由于它抛开了政府部门的狭隘观念，它能够有效地促进政府机构之间的协作。BRM 包含 4 个业务区、39 条（内外）业务线和 153 项子功能，如图 1–4、图 1–5 所示。

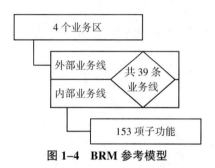

图 1–4　BRM 参考模型

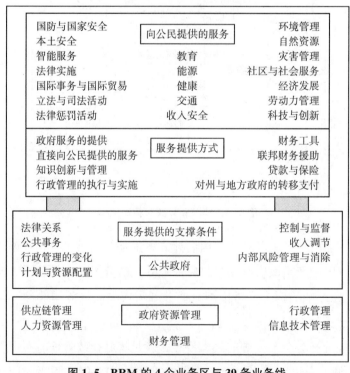

图 1–5　BRM 的 4 个业务区与 39 条业务线

SRM 是一种业务驱动的功能架构，它根据业务目标改进方式而对服务架构进行分类。所谓构件就是一项可以自我控制的、事先已经进行功能设定的业务过程或服务，其功能可以通过业务或技术界面加以体现。SRM 基于横向的业务领域，与具体的部门业务职能无关，因此，它能够为实现业务重用、提高业务功能、优化业务构件及业务服务种类提供基础杠杆。SRM 由 7 个服务域、29 项服务类型和 168 项服务构件构成，如图 1-6 和图 1-7 所示。

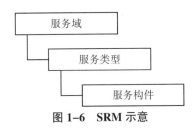

图 1-6　SRM 示意

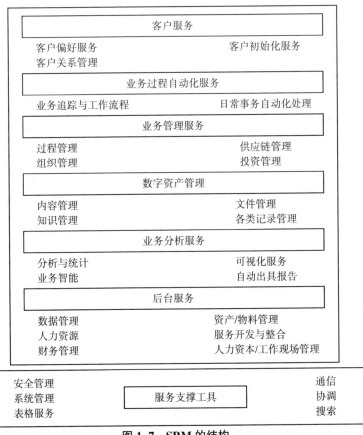

图 1-7　SRM 的结构

从对 BRM 和 SRM 的分析可以看出，BRM 和 SRM 其实都是在分析政府行政管理业务的分类问题，但是 BRM 关注的是政府向全社会提供的各类业务，而 SRM 则关注的是政府部门内部及政府部门之间的内部办公、业务协同与过程。SRM 主要包括：对行政管理对象的基础属性信息资源的管理（客户服务）、对管理服务流程的管理（业务过程自动化服务）、决策支持（业务分析服务）、内部行政后勤管理（后台服务、业务管理服务、数字资产管理）、信息网络设施建设（服务支撑工具）。实际上，对于任何一个政府机关来说，这些都是必须具备的，而且对于一级复杂的政府来说，这些都是大同小异的。因此，之所以将这些与 BRM 分裂开来，是非常合理、非常科学的。当然，内部管理与对外服务也是密切相关的，这种关联集中体现在"对行政管理服务对象的基础属性的信息资源的管理"(客户服务)、"对管理服务流程的管理"（业务过程自动化服务）两个部分。其实，这也是未来我国法人库的作用领域。

除了前面介绍的特点之外，BRM 对美国联邦政府行政管理业务的具体划分方面也具有很多独特的特点，具体表现在以下几个方面：

第一，BRM 采取的是一种混合划分方法。BRM 不仅包括联邦政府的法定职责，也包括政府为开展行政管理所必须具备的相关资源和条件。例如，根据图 1-5，BRM 不仅包括"为民服务""服务提供方式"和"服务提供的支撑条件"，也包括"政府资源管理"。前三个业务区的内容虽然从名称上来看表述得比较狭隘，但是从其具体的描述来看，却都是有关政府的法定职责及政府职能，而最后一个业务区即"政府资源管理"则是有关联邦政府为提供完成法定职责而准备的各类保障条件。前三个业务区是从虚到实、逐步细化的，"为民服务"是虚，而"服务提供方式"则是实，落实"为民服务"的具体内容，"服务提供的支撑条件"则从法律法规、政策等制度环境方面为前两个业务区提供保障。因此，BRM 主要是从业务出发来定义政府职责的，而不纯粹是从行政法学的角度来定义政府职责的，也就是说，业务是职能和手段的统一。

第二，BRM 和 SRM 虽然都有关于政府机构后台事务管理的内容，但是在层面把握上存在着明显的差异。BRM 注重宏观层面，而 SRM 则注重通过信息化技术完成的微观实现层面。例如，BRM 和 SRM 都有"人力资源管理"的内容，但是 BRM 注重联邦政府人力资源管理的宏观政策，而 SRM 则注重对联邦政府机构公务人员的日常管理和绩效考核。另外，关于数据实体的分析、业务流程的优化重组等也都由 SRM 来解决。

第三，通过编号对 BRM 的业务项目进行分类管理。编码规则如下：

（1）对 BRM 的 4 个业务区分别编码，即"公民服务"=1，"服务提供方式"=2，"服务提供的支撑条件"=3，"政府资源管理"=4。

（2）对 BRM 的 39 条业务线根据各自所在的业务区进行编码，即"为公民服务"业务区的业务线编码 100~199，"服务提供方式"业务区的业务线编码 200~299，"服务提供的支撑条件"业务区的业务线编码 300~399，"政府资源管理"业务区的业务线编码 400~499。

（3）给业务线的每个子功能赋予一个三位数字的编码。

根据上述编码规则，每个子功能最后都会有一个 6 位数字的编码，如附图 1 所示。例如，"水资源管理"子功能的编码为 117056。

第四，BRM 主要是从静态分类角度对联邦政府层面的业务进行分类，特别是为联邦政府各部门开展电子政务建设业务规范化提供统一的要求，但是 BRM 不包括对州和其他地方政府的业务分类。所以，BRM 所包含的内容非常庞杂，但是就各个具体的职能部门来说，其实施过程就相对明确。这里引用有关美国农业部根据 FEA 的精神开展本部门电子政务建设的情况[1]加以说明。

美国农业部电子政务计划采用美国联邦政府为各部门提出的一个标准方法，即联邦政府组织架构。它从企业全局的角度，审视政府电子政务相关的业务、信息、技术和应用间的相互作用关系，以及这种关系对业务流程和功能的影响。先将农业部组织的价值视同一个大企业价值，目标都是实现"以客户为中心"的服务，要使企业及所有水平流向的物资流、资金流和信息流能够寻求效能的最大化。由此引申，农业部同企业一样，也要为服务建立起含有农民、社会公众和农业企业用户的客户关系管理系统（CRM），因此，有 16 个司局涉及发放各项政策补贴、贷款、拨款等项目，为了便民需要，全部纳入了统一的电子贷款计划管理系统（ERP）。借用企业架构方法产生的联邦企业架构法，定义农业部的信息战略框架和评估影响、集成部内范围内的通用业务流程、数据和软硬件设施，十分

---

① 李伟克：《分析美国和加拿大农业电子政府的现状》，《天津农林科技》，2006 年第 6 期。

便于提供便捷、高效的信息服务。通过 FEA，美国农业部将 29 个司局的主要职能归纳为电子政府三大使命：农民服务、公共和私营企业服务、员工和其组织服务。为完成三大使命，他们又梳理出 24 个电子政府的战略机会领域，其中包括"一站式"审批、办公自动化、内容管理、门户网站、财务管理、贷款数据库，客户关系管理、应急管理，以及地理信息、远程教育系统平台等。这些领域经过高层批准，列为优先项目，由不同渠道去融资，并在全农业部协作下逐一进行集中架构和建设。为保障这些系统的无缝集成，制定了全部门的电子政府标准和指南，按照战略计划进行投资、更新设备、统一招标和进行员工技术培训。战略计划同时把电子政府融入于农业部及相关机构的年度绩效评估、政务运作计划和预算过程，制定了信息技术的治理措施，将监察工作引入信息管理。美国法律规定其农业部长必须向社会公开提供国内外农产品的市场信息，因此美国农业部以"发布为主，不发布为例外"作为信息发布原则，信息公开发布前的保密期很短，信息发布之时即刻解密，各媒体可同时得到，以保证纳税人的知情权。对未执行信息共享战略计划或者未按计划开展、超支经费项目的，都要受到监察部门的追查。

第二节　行政法学对行政管理的界定

一、行政法学对行政机关业务逻辑的认识

BRM 是从"支撑条件"—"服务提供方式"—"为民服务"的递进关系来分析行政机关的业务内容及其分类的；而行政法学则从职责、职权、管理手段三者的相互关系出发来论述行政部门的业务内容。这种分析更加科学合理，合乎实际：职权因职责而产生，管理手段则是职责、职权的延伸。法律首先赋予行政机关各种职责，为保证这些职责的完成，法律又赋予行政机关以相应的职权，并赋予其各种管理手段。离开了职责，职权和管理手段都失去了存在的根据①。我们

---

① 姜明安：《行政法与行政诉讼法》，北京大学出版社 2005 年版。

可以用图 1-8 来表示这三者之间的关系。

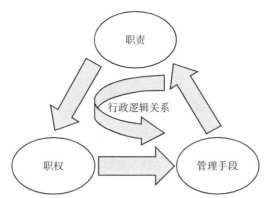

图 1-8　职责、职权、管理手段之间的行政逻辑关系

所以，虽然 BRM 已经从各个层面就政府的职责进行了划分，但是这种划分仅仅是功能方面的；而任何政府机构所开展的活动即行政行为都必须获得或明确其合法性，必须合乎法律规定的条件（实体）和程序要求。我们是不可能从 BRM 获得这些要求和程序的。行政法学对行政行为进行了科学的界定，行政机关的职责、职权、管理手段及其相互关系，能够让我们对政府行政业务有一个更加明确的认识和理解，也有助于我们分析和构建政府信息化业务模型。因此，下面就根据权威的行政法学著作①来介绍行政机关的职责、职权、管理手段的基本内容。

1. 行政机关的一般职责

这些职责主要包括：保障国家安全、维护社会秩序、保障和促进经济发展、保障和促进科技教育文化进步②、健全和发展社会保障和社会福利、保护和改善人类生活环境与生态环境六项职责。其中的每项职责都包含若干具体内容，如就"保障国家安全"职责而言，就包括外交、国防、军事等子职责。同时，行政机关的职责也随着国家经济社会发展战略的改变而改变，如在社会主义市场经济条件下，有关经济发展、社会保障和社会福利的职能形式就与计划经济时代有很大的变化。近年来，我国逐步将政府职能定位为经济调节、市场监管、社会管理和

---

①　姜明安：《行政法与行政诉讼法》。

②　《行政法与行政诉讼法》一书的表述为"保障和促进文化进步"，本书加上"科技教育"，以使内容更加完整。

公共服务四项职能。其中，经济调节、市场监管职能是对六项职责中的第三项职责的确定和限制：行政机关有责任保障和促进经济发展，但只能通过经济调节、市场监管的方式来实现，政府不能政企不分，直接干预企业的产、供、销、人、财、物，直接向企业发号施令甚至直接参与企业的经济活动。而社会管理和公共服务则包括前述的第一、第二、第四、第五、第六项职责，即向社会提供"公共物品"，保障国民和平，有序地生产、生活以及社会经济的可持续发展。六项职责和四项职能的对应关系如表 1-1 所示。

表 1-1　职责与职能的关系

职责	保障国家安全	维护社会秩序	保障和促进科技教育文化进步	健全和发展社会保障和社会福利	保护和改善人类生活环境与生态环境	保障和促进经济发展
职能	社会管理、公共服务					经济调节市场监管

2. 行政机关的主要职权

具体包括以下职权：

（1）行政立法权[①]。指行政机关制定行政法规和规章的权力。

（2）行政命令权。指行政机关向行政相对人发布命令，要求行政相对人做出某种行为或不做出某种行为的权力，如通告、通令、布告、规定、通知、决定、命令和对特定相对人发出的各种"责令"等。

（3）行政处理权。指行政机关实施行政管理，对涉及特定行政相对人的权利、义务事项做出处理的权力。具体包括行政许可、行政征收、征用、行政给付等。

（4）行政监督权。指行政机关为保证行政管理目标的实现而对行政相对人遵守法律、法规、履行义务情况进行检查监督的权力。主要有检查、审查、统计、审计、查验、检验，要求相对人提交报告、报表等。行政监督权既是一种独立的权力，同时也是行政立法权、行政命令权、行政处理权得以实现的保障。

（5）行政裁决权。指行政机关裁决争议、处理纠纷的权力。例如，行政机关有权处理有关商标、专利、医疗事故、交通事故、运输、劳动就业以及资源权属等方面的争议和纠纷。

---

① 县级及以下政府机关不享有行政立法权。

（6）行政强制权。指行政机关在实施行政管理的过程中，对不依法履行行政义务的行政相对人采取人身或财产的强制性措施，迫使其履行相应义务的权力，如查封、扣押、冻结、划拨及对人身的强制措施如拘留、约束等。

（7）行政处罚权。指行政机关在实施行政管理的过程中，为了维护公共利益和社会秩序，保护其他公民、法人和其他组织的合法权益，对违反行政管理秩序的相对人依法给予制裁的权力，如罚款、拘留、没收、吊扣执照等。

3. 行政机关的主要管理手段

行政机关的主要管理手段有 10 项，具体包括：

（1）制定规范、发布命令、禁令。制定规范既可以采取行政法规和规章（行政立法）的方式，也可以采取制定其他行政规范性文件（如行政决议、决定等）的方式；发布命令、禁令的行为既可以针对不特定的行政相对人，也可以针对特定的行政相对人。规范和命令的区别主要是：前者通常可对不特定的多数人反复适用，后者通常一次性地适用于特定人或一次性地适用于不特定人。

（2）编制和执行计划、规划。行政机关在市场经济条件下，应用计划和规划手段管理社会、经济、文化事务，在注重发挥个人、组织、社会的自主性、积极性、创造性的前提下，对经济、社会和文化发展进行宏观调控。例如，我国政府每年编制的"经济和社会发展年度计划"以及每若干年编制的中长期发展计划，如"五年计划""城市建设规划""土地利用总体规划"等。

（3）设立和实施行政许可。行政机关通过行政许可制度，可以：

限制人们从事某一特定职业（如律师、医生）的最低资格条件。

规定人们生产某一产品（如家电、食品、药品等）所必须达到的最低质量标准。

要求人们开办某一类企业或事业（如民航、旅游、出版、印刷等）的基本安全技术条件，以保障公共安全、国家安全、社会秩序、生态环境保护以及公民个人的人身健康和生命、财产安全。

限制某一特定领域、特定行业的发展速度或规模，防止某些产品的过量生产或过分竞争给国家、社会以及从业者利益带来损害，发挥一定的宏观调节作用。

行政许可制度除了要求许可申请者在申请时必须具备一定的条件外，通常还规定被许可人在其后必须遵守一定的规则和要求，行政机关可随时对许可持有者进行监督检查，发现有违反规则和要求者，可撤销或吊销其许可证。

（4）征收税费、财政资助和征收、征用财产。财政和税收不仅是政府自身存在和发展的基础，也是政府宏观调控的重要手段。通过这种手段，政府部门可以鼓励和促进一定地区、一定行业、一定领域、一定经济行为或产品（如高新技术产品）的快速发展，也可以抑制和减缓一定地区、一定行业、一定领域、一定经济行为或产品的过热、过快发展，保证经济资源的合理配置和经济结构的优化。此外，财政援助和税收政策对于消除因社会分配的不合理和其他各种原因造成的人们收入的过分悬殊、防止两极分化、保障社会公众亦有重要意义。

征收和征用财产也是行政机关在行政管理中不能不具有的一种行政管理手段。无论是国家建设征用土地还是自然灾害（洪水、地震等）、公共卫生突发事件、重大公共安全事故（如火灾、矿难、交通事故等）发生时征用房屋、防灾物品、交通工具等都是必需的。

（5）调查统计和发布经济社会信息。行政机关通过调查和统计，了解各种经济、社会信息和行政相对人的有关信息，如企业产品的质量、产量等。行政机关一方面根据调查统计所获得的这些信息制定管理政策，采取行政措施，对社会实施有效的管理；另一方面则向社会直接发布有关的信息，使企业生产者能够根据有关信息正确地安排自己的生产计划，满足产品质量和安全生产条件，使消费者能够根据有关信息选择购买优质的产品，取得优质的劳务服务，防止受到假冒伪劣行为的损害。此外，公布有关违法、违规及质次产品和服务的信息，对于违法违规的相应个人、企业实际上也是一种间接的制裁。当然，收集、获取、保管、处理和发布行政相对人的信息可能涉及相对人的隐私权和商业秘密，行政机关在应用这类手段时必须严格遵守法律法规所规定的条件和程序，以避免相对人合法权益受到侵犯。

（6）处理和裁决争议、纠纷。直接处理和裁决行政相对人之间的争议、纠纷以及行政相对人与行政机关之间的争议、纠纷，是行政机关的一项重要行政管理手段。行政机关的这种手段是行政机关所享有的行政裁决权的直接表现形式，其在运用的过程中要受到裁决权限制，即行政机关不能超越其行政裁决权的范围而处理应由法院裁决的争议、纠纷。处理和裁决争议、纠纷，可以通过多种形式，如调解、仲裁、协商、裁决、复议等。无论行政机关采取何种方式，都应该适用一定的准司法程序，而不应适用纯行政程序。

（7）采取行政强制措施。行政机关对不履行行政义务的相对人采取强制措施，迫使其履行行政义务。这种手段不应常用，只有在法律规定的特定情况出现且行政机关认为确实没有其他行政手段可以同样实现相应的行政管理目标时，才能采用。

（8）实施行政制裁。只有在行政管理秩序无法维持、社会公益和其他行政相对人的权益无法保障的情况下，行政机关才使用行政制裁措施。

（9）缔结行政合同。在经济、城市建设、科教文卫、社会保险和社会福利领域，行政合同运用得越来越频繁。相对于传统的行政管理的单方行为来说，行政合同的签订要与行政相对人协商，行政机关要求相对人做出某种行为或不做出某种行为都要取得相对人的自愿和同意，行政机关和相对人履行合同的权利义务都要经过双方相互认可，并写入合同之中。

（10）提供行政指导。行政机关不具有要求相对人必须执行的直接法律效力，但行政机关可通过各种行政调控措施（财政、税收、计划、利率等）和其他利益机制（建设规划，土地利用规划，水、电、路的配置和使用等），引导相对人遵循行政指导，做出符合行政指导目的的行为。行政机关通过发布各种政策文件、纲要、指南或者直接通过向相对人提出建议、劝告、咨询等，引导行政相对人做出某种行为或不做出某种行为，发展某些事业、领域或抑制某些事业、领域。

行政职权与管理手段之间实际上存在着密切的关系。管理手段是行政机关职权行使的表现形式。有些管理手段是行政职权的直接表现形式，如制定规范和发布命令、禁令的手段是行政立法权和行政命令权的直接表现形式；有些管理手段则是行政职权的间接表现形式，如编制和执行计划、规划是行政命令和行政处理权的间接表现形式，行政合同、行政指导是行政处理权的间接表现形式。

随着服务型政府的转型，"缔结行政合同""提供行政指导"等间接、治理型的政策举措将越来越普遍。管理手段既是履行行政职权的具体表现形式，也是完成行政职责的手段和方式。

与 BRM 从"支撑条件"—"服务提供方式"—"为民服务"的递进关系分析相比，上述从职责、职权与管理手段及其相互关系来论述行政机关的业务模型，显得更加科学合理。由于将整个业务模型纳入行政法学的框架内，这使得这种逻辑关系体系具有较好的牢固性。

二、行政法学对行政行为的界定

要深入认识和理解图 1-8 所示的各方面的内容及其逻辑关系，还必须对行政行为进行进一步的界定。行政法学从两个方面来对其进行界定：

1. 对行政行为的分类

根据分类标准的不同，行政行为可以划分为不同的类型：

（1）以行政相对人是否特定为标准，分为抽象行政行为和具体行政行为。抽象行政行为是行政主体针对不特定行政管理对象实施的行政行为，如行政规范性文件，包括行政立法、决定、命令等；具体行政行为是指行政主体针对特定行政相对人实施的行为，如具体行政处罚决定、行政强制执行等。

（2）以受法律规范拘束的程度为标准，分为羁束行政行为和自由裁量行政行为。羁束行政行为是指法律规范对其范围、条件、标准、形式、程序等做了详细、具体、明确的行政行为。自由裁量行政行为是指法律规范仅对行为目的、行为范围等做一些原则性规定，而具体的条件、标准、幅度、方式等留给行政机关自行选择、决定的行政行为。

（3）以是否可由行政主体主动实施为标准，分为依职权行政行为与应申请行政行为。《政府信息公开条例》规定的政府信息的主动公开和依申请公开，就分别属于依职权行政行为与应申请行政行为。

（4）以有无限制条件为标准，分为附款行政行为与无附款行政行为。这里的附款指行政主体规定的、其实现与否决定法律行为效力或消灭的、某种将来的不确定事实或行为，包括期限、条件、负担、保留行政行为的废止权及对负担的追加或变更权。

（5）以其对行政相对人是否有利为标准，分为授益行政行为与侵益行政行为。

（6）以行政行为是否应当具备一定的法定形式为标准，行政行为可分为要式行政行为与非要式行政行为。要式行政行为是指必须具备某种法定的形式或遵守法定的程序才能成立生效的行政行为。非要式行政行为是指不需要一定方式和程序，无论采取何种形式都可以成立的行政行为。行政行为绝大多数是要式行政行为。

（7）以是否改变现有法律状态为标准，分为作为行政行为和不作为行政行为。作为行政行为指行政主体积极改变现有法律状态的行政行为，如行政征收、颁发许可证、行政奖励、行政强制行为等；不作为行政行为指行政主体维持现有法律状态或不改变现有法律状态的行政行为，如不予答复、拒绝颁发许可证等。

（8）以是否需要其他行为作为补充为标准，分为独立行政行为和需补充行政行为。独立行政行为指不需要其他补充行政行为就能生效的行政行为，需补充行政行为指必须具备其他行政行为才能生效的行政行为。行政行为之所以需要另一个行为做补充，既是由行政行为的复杂性涉及其他行政主体决定的，也是在行政系统内部实现分权和监控的需要。

（9）以其适用与效力作用的对象的范围为标准，可分为内部行政行为与外部行政行为。内部行政行为指行政主体基于行政隶属关系而针对内部行政相对人实施的行政行为，外部行政行为指行政主体在对社会实施行政管理活动过程中针对公民、法人或其他组织所做出的行政行为，如行政许可行为、行政处罚行为等。

此外，行政行为还有其他一些分类。例如，以法律效果的内容是效果意思还是观念表示为标准，行政行为可以分为行政行为和准行政行为；以是否受司法审查为标准，行政行为可以分为终局行政行为和非终局行政行为；以其所具有的立法行、执法性和司法性为标准，行政行为可以划分为行政立法行为、行政执法行为、行政司法行为；以其主体是一个行政主体还是多个行政主体为标准，行政行为可以划分为共同行政行为和非共同行政行为；以行政权的取得方式为标准，可以分为自为的行政行为、授权的行政行为和委托的行政行为等。

基于上述分类，根据不同的划分标准，某种具体的行政行为可以同时归属不同的类型。例如，对企业的行政许可既是一种具体行政行为，也是一种授意行政行为、外部行政行为、共同行政行为（并联审批的情况下）等。

2. 行政行为的模式

行政行为的模式指在理论或事务上对行政行为的内容和程序都已经形成固定的、共同的典型特征的行为体系。行政行为的模式不同于行政行为的分类，是某类行政行为典型特征的理论化和固定化。例如，人们在对工商部门的吊销营业执照、公安部门的拘留行为、环保部门的责令停产治理行为、卫生部门的罚款行为等的典型特征和一般规律进行概括和总结的基础上，形成了行政处罚这一具体行政行为模式；而这种认识也使我们得以制定统一的行政处罚法来规定行政处罚的实施主体、管辖适用规则和处罚程序等，从而规范各种行政处罚行为。例如，北京市政府根据《行政处罚法》制定的《北京市实施城市管理相对集中行政处罚权办法》①，对市容环境卫生、园林绿化、环境保护、城市停车、无证导游以及流动无照经营等14类城市管理方面的处罚行为进行了统一规定。

总体来说，我国行政法学上行政行为的模式体系如附图2所示。

三、行政程序

行政程序是行政主体实施行政行为时所应遵循的方式、步骤、时限和顺序。行为方式构成行政行为的空间表现形式；行为步骤、时限和顺序构成行政行为的时间表现形式。所以，行政程序本质上是行政行为空间和时间表现形式的有机统一，具有如下法律特征：

（1）法定性：用于规范行政行为的程序一般应通过预设的立法程序法律化，使其具有可控制行政行为合法、正当运作的强制力量。

（2）多样性：是指因行政行为性质上的差异性导致所遵守的行政程序在客观上呈现出多种行政程序并存、并有各自调整行政行为的格局。

（3）分散性：是指因通过多种法律形式规定行政程序，从而使行政程序分散在众多的具有不同效力的法律文件中。

上述特征使得人们在制定统一的行政程序方面存在着较大的困难，这就要求我们在制定行政程序时，必须遵守那些共同的原则，即公开原则、公平公正原则、鼓励相对人参与原则和效率原则，并且落实行政回避制度、行政听证制度、行政信息公开制度以及说明理由制度。

行政程序是开展信息化和电子政务建设所必须坚持的基本内容，是电子政务流程设计的基本出发点。行政程序是政府机构开展业务活动的基本依据、参考，以及依法行政的基本要求，也是设计信息化系统的基本出发点，只有在全面地认识和理解了行政法实体和程序的基础上，我们才能结合信息化的技术优势进行电子政务流程再造。

---

① 该办法从2008年1月1日起施行。

四、小结

虽然前述的六项行政职责与具体的行政部门没有关系，但是各个职责领域的政府机构在开展行政管理的过程中，其作为都可以划分为上述某种具体的行政行为类型，也都可以纳入某种具体的行政行为模式。因此，行政逻辑体系和行政行为的界定为我们分析政府业务以及电子政务的业务建模提供了比较完备的理论基础。

第三节　地方政府业务模型分析：以北京市政府为例

行政主体所承担的职责与其所处的层级密切相关。中央政府所承担的职责最多，其职权也最大，管理手段也最多。而且，有些职责、职权只有中央政府所独有，如外交、行政法规制定等。层级越低，行政主体所承担的职责就越少，其职权也就越来越少，其管理手段也相应地越来越少。县级以下的行政主体实际上是个执行机构，其职责、职权和手段方面的伸缩余地都很小，如县级以下行政主体根本就没有行政立法权。

就作为直辖市和首都的北京市来说，其职责、职权和手段都相对比较完备，除了中央政府独有的之外，其他的职责、职权和手段都有。因此，分析北京市的政府机构及其业务情况，能够让人们更加深入地认识和理解当前我国政府的业务架构。

一、北京市政府机构及其职责分布

根据原北京市信息化工作办公室近年来开展电子政务绩效评估的资料及其对各部门业务梳理的结果，目前北京市共有 73 家政府机构[①]。本书根据各部门业务

---

① 这些机构是基于 2005~2008 年北京市电子政务绩效评估的过程总结而来的，因此这里没有经济与信息化委员会等机构改革之后的内容。

性质并依据前述的六大职责，将其中的 70 个机构进行相应的归类①，如附表 1 所示②。

在这六大职责中，"保障和促进经济发展"的职责占据所有政府机构中的最大部分（27 家），其次是"维护社会秩序"和"保障和促进科技教育文化进步"，均为 13 家，"保障国家安全"为 7 家，"健全和发展社会保障和社会福利"和"保护和改善人类生活环境与生态环境"均为 5 家。

二、北京市政府机构业务活动梳理的分析

原北京市信息化工作办公室根据行政许可、行政征收、行政给付（服务）、行政确认（服务类）、行政裁决（监督）和其他六类行政行为，对 73 家政府机构的业务进行了分类梳理。本书结合发展改革委、路政局、公安局、教委、环保局五家单位的梳理结果（见附表 2）作为重点分析对象，探讨当前政府机构业务活动管理所面临的问题。

（1）政府机构的行为大多是非共同行政行为，需要与其他行政主体合作完成的业务较少。这表明政府机构之间的业务协同和资源共享程度还不够。

（2）行政许可事项较多，行政给付、事实行政行为较少。这表明政府机构目前仍然以管制为主，而面向服务性的业务仍然比较缺乏。

（3）行政合同行为比较少，表明政府机构在应用市场化机制、建立服务型政府方面表现得还不够。

（4）从 73 家单位的业务事项梳理来看，有些单位的事项很多，有些则很少。其原因包含以下几点：一是职能管理属性使然。有些单位涉及经济社会管理的事项比较具体，其行政审批、行政征收等方面的职权相对较多，如公安局、发展改革委等；而有的单位其职能涉及面则相对比较窄，管理事项相对比较单纯。二是有些单位也许只有"三定"方案，平时就没有从其职能出发去具体分析其职责、

① 由于北京市政府法制办、北京市编办、北京市政府研究室、北京市政府办公厅四家单位难以归类，所以没有包括在六大职责中，但是这不影响这种归类的科学性。另外，有些单位的性质比较复杂，兼具多种职责，本书只能依据其主要的职责进行分类。

② 附表 1 所示的机构数量并不全面，除了没有纳入四家单位之外，还有些少量单位没有纳入，如海关。由于海关实行中央直管，业务上直接归海关总署管理。

职权和管理手段的详细内容，没有研究和建立本单位的行政行为模式，依法行政的法治观念仍然比较淡薄。

上述北京市政府机构业务梳理方面所面临的问题对电子政务建设会产生重要的影响。

第一，简单化、表面化的业务梳理将难以推动本部门电子政务建设的深入展开。

第二，粗浅的业务分析将阻碍我们对政府行政行为的数据属性和信息价值的科学认识。传统的行政管理更多的是依靠行政人员的工作经验，缺乏规范性和系统性，没有根据行政行为模式的要求建立相应的程序化的制度，特别是没有就此建立相应的信息管理制度，没有建立活动（行政行为）与数据之间的映射关系，更没有从行政行为与数据的关系中衍生出行政行为管理信息体系。

第三，业务梳理的简单化、表面化是造成跨部门的电子政务业务协同难以有效实施的重要原因。人们虽然将部门利益看作跨部门业务协同的主要障碍，但是就实际来看，如果各部门的领导对本部门的业务流程缺乏深刻的技术层面的认识和理解，即使他们迫于上级领导的压力而打算与其他部门实现部分信息和业务的协调各项，但是却往往因为各种具体的技术和细节问题而难以拿出有效的实施方案。

第四，业务梳理的简单化、表面化也使得电子政务的业务优化和知识管理成为一句空话。业务优化和知识管理是以对现有业务流程的科学合理的梳理为基础的，只有对现有的业务流程具备深刻的认识，我们才能够发现优化的着力点、共享的结合点、创新的立足点。因此，当前电子政务的深入发展对业务流程梳理提出了非常紧迫的需求。

第四节　我国电子政务业务参考模型的构建

一、构建业务参考模型的基本要求

构建业务参考模型是一项非常复杂的系统工程，要考虑的因素很多，如依法治国、行政管理体制改革、中央与地方关系（"条块关系"）等。根据前面有关国内外的情况分析，我们认为，我国的电子政务业务参考模型必须解决以下若干问题：

（1）科学合理地整合行政管理逻辑关系。前面从行政法角度分析政府行政行为让我们对政府的业务有了一个科学合理、全面系统的认识和了解，也为我们构建电子政务业务参考模型提供了一条科学有效的途径。因此，电子政务业务参考模型必须充分地体现图 1-8 的行政逻辑关系，并融合行政行为模式。

（2）电子政务业务参考模型应该能够合理地处理业务全面性和职能性的关系。业务参考模型是有关信息化条件下政府业务的系统概括和统一表述，是实现业务系统和资源共享的基本条件。因此，业务参考模型应该能够反映政府所包含的几乎所有的主要业务内容，同时不同等级的政府部门也都能从中找到自身的业务工作。

（3）将政府行政事务与内部管理实务即政府资源管理、行政行为模式分开。后面这两部分是每个政府部门都需要且相同的，因而通过统一建设，可以有效地减少各部门的重复建设，也更容易实现标准化、实现业务协同和资源共享。

（4）通过行政行为模式规划行政业务流程，克服 FEA 模型所存在的问题。行政业务流程是电子政务的重要内容，是有关业务、数据流转的决定因素。行政法学上的行政行为模式具有比较原则，因此有必要将其与行政管理学、企业业务流程建模相结合，以便能实际地应用到政府业务流程管理中。

二、我国电子政务业务参考模型

在分析我国电子政务业务参考模型之前，有必要对目前一些有关政府职能分析的方法做一些比较。根据目前所掌握的材料来看，有关政府职能分析的比较权威的材料主要有四类：FEA、姜明安《行政法与行政诉讼法》、应松年《公共行政学》① 以及中央有关文件对政府职能的四大分类——宏观经济调节、微观经济管理、公共服务、社会管理。前两类我们已经在前面进行了介绍，第三类材料的分析与前两类有所不同，它也将政府职能划分为四类：政治范畴的政府职能、经济

---

① 应松年等：《公共行政学》，中国方正出版社 2004 年版。

范畴的政府职能、文化范畴的政府职能、社会范畴的政府职能。这四大分类比有关中央文件的分类更加全面,包含的内容更多(见附表3)。

不过,除了FEA之外,其他三类划分方法仍然比较粗略,要以此建立电子政务业务参考模型尚显不足,缺乏层次性,没有像FEA那样建立业务区、业务线和子功能的逻辑结构。当然,FEA中有关政府职能的分析与我国的认识差别较大,有关业务区、业务线的划分与我国国情不符。因此,本书将在综合考虑这四类有关政府职能与业务划分的方法基础之上,构建一个能够反映各类方法优点的、科学合理的电子政务业务参考模型。

根据上面的分析,我们可以建立以下电子政务业务参考模型,如图1-9所示。

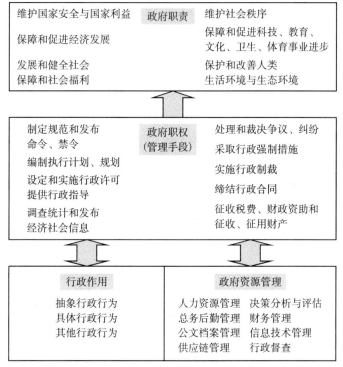

图1-9 电子政务业务参考模型

下面对该参考模型进行具体解释:

(1)该模型以图1-8的"职责、职权、管理手段之间的行政逻辑关系"为基础。行政逻辑关系科学合理地阐明了政府各方面的具体内容及其逻辑关系,因而能够让人们简单明了地认识复杂的行政管理系统。

（2）该模型根据电子政务业务建模的需要，对行政逻辑关系进行了适当的调整。具体表现在以下几个方面：①"管理手段"与"政府职权"合并。根据前面的分析，我们得知，行政职权与管理手段之间实际上存在着密切的关系，管理手段是行政机关职权行使的表现形式。有些管理手段是行政职权的直接表现形式；而有些管理手段则是行政职权的间接表现形式。实际上，许多行政法参考书并不单独研究管理手段，而是将其归入行政职权中统一研究。因此，这里的"电子政务业务参考模型"将两者合并表述。②"行政作用"和"政府资源管理"都是针对每个政府机构开展行政行为所必备的基本要素。"行政作用"从法律法规层面对行政行为进行规范，是政府职权（管理手段）的具体实施，为行政行为提供合法性保障。将规范、可实施的"行政作用"作为构建电子政务业务参考模型的基本构件，也是建模的基本要求。而"政府资源管理"则从组织管理层面对政府机构的日常行政管理进行规范，为行政行为提供实施条件。③将《行政法与行政诉讼法》一书中的"保障国家安全"拓展为"维护国家安全与国家利益"，以更全面地反映相关内容。

（3）与 FEA 不同，本模型将"提供方式""支撑条件""为民服务"中的很多行政管理的项目纳入政府职责中，而将其中的一些有关政府机构内部管理的内容纳入"机关内部资源管理"与"政府职权"中。

（4）与 FEA 一样，这里的电子政务业务参考模型是关于某一层级政府的全业务内容描述，而不是某个职能部门的业务清单。而且，层级越低，政府的业务内容越有限。例如，就一些"行政职权"来说，基层政府就可能比较缺乏，像可能没有设定行政许可的权限。之所以要这么设置，是希望从全局角度建立统一的电子政务业务操作环境，为业务协调和资源共享提供基础保障。

下面参考 FEA 以及有关比较权威的材料对我国政府管理的分析，进一步细化"电子政务业务参考模型"各方面的具体内容。

有关"政府职责"的划分，具体内容见附图 3。附图 3 根据我国行政管理实际和行政法的要求，并借鉴 FEA 的构建方法，设计出我国电子政务业务参考模型各方面的具体内容。

有关"政府职权"（管理手段）的划分，具体内容见前面有关行政机关管理手段的说明。

有关"行政作用"的分类结构，具体内容见附图2的"行政行为的模式体系"。

有关"政府资源管理"的划分，具体内容见附图4。

构建我国电子政务业务参考模型是一个复杂的系统工程。除了因为要满足电子政务的基本理论和技术要求外，还因为人们对当前我国政府机构改革存在着各种不同的认识，行政管理体制一直没有进入一个稳定的状态。另外，人们对电子政务业务参考模型也存在着很多不同的观点，因而学术界对于如何构建电子政务业务参考模型也一直没有一个权威的观点，相关的研究文章也很少。毫无疑问，本书的一些观点必然存在很多值得深入探讨的地方。

第二章　数据参考模型与信息共享

　　业务参考模型为开展电子政务总体设计提供了业务基础，但是只有这些还远远不够，对电子政务建设来说，还必须解决一个"技术实现"的问题，即如何根据业务管理特点及 IT 技术要求对这些业务进行分类展现。而要实现这个目标，就必须建立与业务密切相关的数据参考模型，通过数据参考模型将这些业务转换成为能够被计算机处理并通过网络进行传输和交换的数据。

　　建立完善的数据框架及其数据参考模型，对电子政务总体设计将产生重要的影响，并为电子政务应用提供以下关键的战略支撑能力：

　　（1）数据发现：快速、准确地识别和发现满足业务要求的数据的能力。要具备这种能力，就必须统一地描述数据并建立高效的分类、搜索和查询的能力。

　　（2）数据复用：以新的协同方式提高数据应用效能，从而实现业务的不断创新。

　　（3）数据共享：不断提高政府部门与社会公众之间的数据交换和共享能力与水平。

　　（4）数据实体协同：要提高跨部门的业务协同能力，就要构建一种通用的、定义良好的模型，以支持这些业务流程之间的协同工作并创建"通用实体"。

　　（5）语义互操作性：要在具体的业务办理者及数据管理者之间构建信息共享基础设施，仍然需要面对语境和语义千差万别的问题。语义互操作性是一种能力，有了这种能力就能提高系统自动发现和使用数据的能力。

　　基于数据生命周期的全面数据管理，对向政府部门业务提供高质量信息是至关重要的。在电子政务顶层设计中，构建科学合理的数据模型，不仅能够提升数据管理工作的重要性，也有助于促进政府机构提高其数据的质量、效益和效率。总之，数据是搞好业务决策的基础。如果数据描述工作做得好，那么就会对工作产生积极的作用；否则就会影响业务运行效益，有时甚至带来灾害性的后果。

从电子政务和企业信息化的建设实践来看，目前有两种方法来实现这个目标：一种方法是 FEA 的做法，另一种方法是有关主题数据的方法。下面分别介绍这两种技术方法，并比较这两者之间的区别与关系。

第一节 FEA 的数据模型构建方法

在建立业务参考模型之后，FEA 通过两个步骤实现其目标：

一方面，将业务参考模型中那些具有通用性、能够为各机构共用的信息系统抽取出来，并就这些业务系统制定统一的标准规范，供各机构统一使用。这些内容构成 FEA 中的服务构件参考模型（SRM）（具体内容见附图 5）。从附图 5 可以看出，这些内容主要是一些后台服务系统和业务应用工具。这些后台服务系统和业务应用工具为实现业务共享提供了基础保障。因此，从某种程度上来讲，SRM 也可看作是对业务参考模型的进一步细化和实现，为业务部署、信息化应用与共享提供工作方向。

另一方面，根据信息资源管理的理论、技术与方法，对行政业务过程进行抽象，建立能够为各部门参考的数据框架，从而构建业务系统的数据参考模型。

为构建可操作的数据参考模型，FEA 将业务数据划分为三类标准，即数据描述标准、数据语境标准及数据共享标准，如图 2-1 所示。各标准区的具体内容如下：

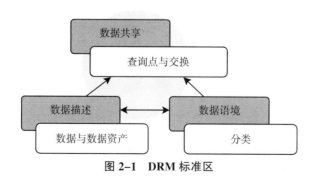

图 2-1 DRM 标准区

（1）数据描述标准区：该标准区提供统一定义数据的语义语法结构的基本方法。该方法有助于加强元数据的比较以促进业务协同，有助于提高对数据描述术语的反应能力。

（2）数据语境标准区：该标准区建立一种应用分类学和其他描述信息为数据资产进行分类的方法。一般地说，数据语境回答大型组织机构所要求的数据的关键问题，并为数据治理提供基础；它还有助于发现数据，能够建立 DRM 与作为其分类方法的 FEA 其他参考模型之间的关系。同时，数据语境也包括业务规则。

（3）数据共享标准区：该标准区描述数据的访问与交换。其中的访问包括重复请求（例如，查询数据资产），而交换则包括大型组织机构内部各部门之间固定的、反复需要的信息交换。数据共享因为数据语境和数据描述标准区所提供的各种能力而得到加强。

数据语境标准区和数据描述标准区通过以下方式提高数据共享标准区的服务水平：一是数据描述标准区，即统一的数据交换包和查询点支撑利益共同体各方之间有效地共享数据的能力。二是数据语境标准区，即数据交换包和查询点的分类有助于数据的发现，也有助于后续的数据访问和交换。

图 2-1 只是粗略地说明了 DRM 的基本实施框架，其中的许多关键概念及其相互关系必须通过建立一个完整的 DRM 抽象模型（见图 2-2）才能得到详细具体的阐述。

DRM 数据抽象模型是一个着眼于优化政府部门数据架构的架构化的格式。之所以说该模型是抽象的，是因为它允许采用多种技术去实现：例如，美国国防部可能会使用自己的"DOD 元数据发现格式"（DDMS）去标识"数字数据资源"属性，而其他政府部门则可能会选择使用都柏林核心数据，不过这两者都能表明它们的实施过程满足数据参考模型。这个架构型式是为了优化部门的数据架构，以便信息整合、互操作、数据发现与共享。该模型主要通过以下途径来实现其优化功能：定义、重组、关联数据架构中的标准概念，为每个概念分配通用属性。

在定义每个概念之前，理解该模型中三个标准区各自的作用是非常重要的。在数据描述标准区，其重点是在两个抽象层面理解数据：元数据的主观架构必须能够让人对数据有个具体的了解，这些元数据结构如何整合成为一个能够受到管

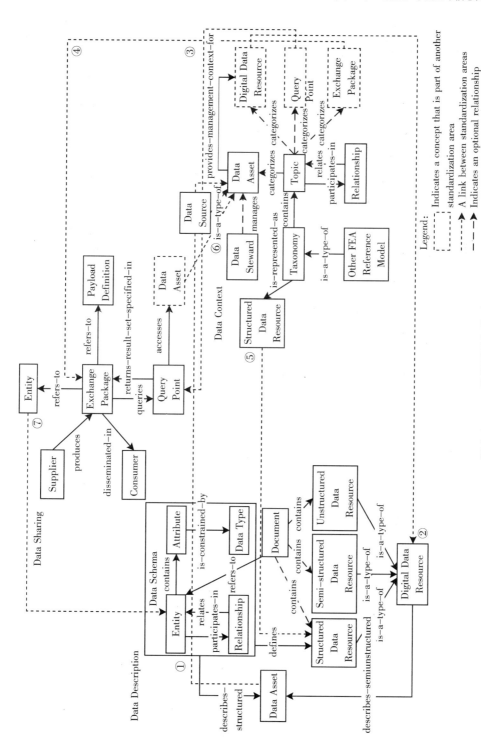

图 2-2 FEA 的数据抽象模型

理的数据资产。数据描述部分推荐了两类基本的元数据：用于描述结构化数据资源的逻辑数据模型，用于描述半结构化和非结构化数据资源的数字数据资源元数据（如都柏林核心元数据）。将数据划分为这样两类，其目的是希望支撑协同（比较逻辑数据模型）与注册（描述通用的资源属性）。数据格式概念群的实施将采取实体—关系图、类图等形式，数字数据资源的实施将成为内容管理系统或元数据目录的记录。

数据语境标准区的重点放在用以捕捉一个大型组织机构的数据语境的管理机制。这些机制包括分类方法（通过关系而结合在一起的、层次化的主题集）和数据资产描述（捕捉在一个数据仓库中）。一个数据资产是数字数据资源的集合。数字数据资源由某个组织所有，平时由一个专门的数据管理小组进行管理。为便于发现数据，必须按照一定的标准对数字数据资源进行分类。数据资产的一个关键属性是：数据资产是否被授权；如果得到授权，那么这个权限是针对逻辑数据模型的哪个实体或属性。分类方法可以采取 XML 主题图、Web 主体语言（OWL）的等级分类体系或 ISO11179 分类格式。数据资产仓库可以是元数据仓库的记录。

最后，数据共享标准区的重点着眼于信息如何打包并呈现给大型政府组织的各相关部门。这里的关键是作为描述数据访问点的固定信号和查询点的容器的交换包。交换包可以采用标准的 XML 信号或 EDI 交易集，而查询则是以 Web 服务方式访问 UDDI 或 ebXML 注册库并留下相应记录。

第二节　主题数据与信息工程方法

主题数据方法来自詹姆斯·马丁（James Martin）的有关理论。詹姆斯·马丁在有关数据模型理论和数据实体分析方法的基础上，融合他所发现的"数据稳定性原理"，于 20 世纪 80 年代初提出了"信息工程方法论"[①]（Information Engi-

---

① [美] 詹姆斯·马丁：《战略数据规划方法学》，耿继秀等译，清华大学出版社 1994 年版。

neering Methodology，IEM）。其核心内容包括两点①：①数据位于现代数据处理系统的核心。②数据是稳定的，而业务处理是多变的。组织机构的数据模型是相对稳定的，而应用这些数据的处理过程则是经常变化的，只有建立了稳定的数据结构，才能使行政管理和业务处理的变化被计算机信息系统所适应。其技术方法分为两个方面：一是通过对组织机构的业务功能进行分析，建立业务模型；二是通过对组织机构的业务数据进行分析，建立主题数据模型，具体内容如图2-3 所示。

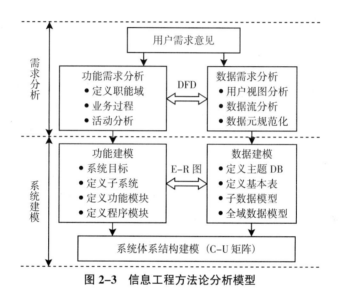

图 2-3　信息工程方法论分析模型

资料来源：田建章等：《基于 IRP 的装备保障信息化建设研究》，《装备指挥技术学院学报》，2007 年 6 月。

业务功能分析包含三个步骤：确立组织机构的职能域模型；扩展职能域模型，识别定义每个职能域的业务过程；继续扩展上述模型，列出每个业务过程的各项业务活动。

建立主题数据库是业务数据分析的主要内容，也是信息工程方法论的基本工作。主题数据库具有如下特征：

（1）面向业务主题（不是面向单证报表）。主题数据库是面向业务主题的数据组织存储。例如，就企业信息管理来说，典型的主题数据库有：产品、客户、

---

① 高复先：《信息资源规划——信息化建设基础工程》，清华大学出版社 2002 年版。

零部件、供应商、订货、员工、文件资料、工程规范等。其中，产品、客户、零部件等数据库的结构，是对有关单证、报表的数据项进行分析整理而设计的，不是按单证、报表的原样建立的。这些主题数据库与企业管理中要解决的主要问题相关联，而不是与通常的计算机应用项目相关联。

（2）信息共享（不是信息私有或部门所有）。主题数据库是对各个应用系统"自建自用"数据库的彻底否定，强调建立各个应用系统"共建共用"的共享数据库。不同的应用系统的计算机程序调用这些主题数据库，如库存管理调用产品、零部件、订货数据库，采购调用零部件、供应商、工程规范数据库等。

（3）一次一处输入系统（不是多次多处输入系统）。主题数据库要求调研分析企业各经营管理层次上的数据源，强调数据的就地采集，就地处理、使用和存储，以及必要的传输、汇总和集中存储。同一数据必须一次、一处进入系统，保证其准确性、及时性和完整性，经由网络—计算机—数据库系统，可以多次、多处使用。

（4）由基本表组成。一个主题数据库的科学的数据结构，是由多个达到"基本表"（Base Table）规范的数据实体构成的，这些基本表具有如下特性：原子性——基本表中的数据项是数据元素（即最小的、不能再分解的信息单元）；演绎性——可由基本表中的数据生成全部输出数据（即这些基本表是精练的，经过计算处理可以产生全部企业管理所需要的数据）；规范性——基本表中数据满足三范式（3-NF）要求，这是科学的、能满足演绎性要求、并能保证快捷存取的数据结构。

第三节　对 FEA-DRM 和信息工程方法论的评价

信息工程方法以及 FEA-DRM 等有关电子政务顶层设计的技术和方法对国家电子政务建设的总体设计以及法人库标准化建设都具有很好的借鉴意义。例如，河北省信息化工作办公室和福建省发改委曾应用信息工程方法中有关业务功能分析的三个步骤以及主体数据库的概念，规划全省的信息化建设特别是企业基础信息资源共享工作，为电子政务规划和建设积累了一定的经验。

对信息工程方法论的评价包含以下几个方面：

一、丰富了人们关于电子政务总体设计的思路

目前，国内外关于电子政务总体设计的案例比较多，除了美国的联邦政府组织架构之外，还有英国政府的电子政务互操作性框架、德国政府的电子政务应用标准与架构等。但是，就总体架构设计的理论分析方法来看，却没有见到一个系统的东西。"信息工程方法论"正好可以弥补这方面的缺陷，可以为我们分析政府信息化提供一个最为基本的理论指导。

从某种程度上讲，当前一些国家所采用的顶层设计方法与 IEM 都存在着某种理论和方法论方面的渊源。实际上，IEM 在 FEA 中也得到了应用，例如，我们可以很容易地从 FEA 的业务参考模型看到 IEM 用于梳理业务的"职能区域—业务过程—业务活动"三层结构的影子。BRM 也同样将政府业务划分为三个层次，具体包括 4 个业务区、39 条（内外）业务线和 153 项子功能，如图 1-4、图 1-5 所示。同样，FEA 的从业务到数据再到技术的方法与 IEM 的自上而下（Top Down）的方法也是一脉相承的。

二、在政府全域业务规划和设计方面存在技术上的缺陷和不足

这里以 IEM 为例来分析。IEM 在企业信息系统分析方面取得了很好的成绩，但是在应用到政府信息化的总体设计时，却必须充分考虑到政府行政管理的巨大差别。如果仍然简单地应用 IEM，就很难实事求是地分析政府信息化的困难与问题。例如，"职能区域—业务过程—业务活动"三层结构在应用于整个政府信息化总体设计和用于某个政府部门的信息化总体设计时，往往存在着冲突。因为从理论上讲，只需从整个政府层次应用三层结构分析一次就够了，部门业务信息化设计只需服从这个总体架构就行。但是，由于法律法规的不完备，这样做往往不足以分析各业务部门信息化的具体情况。另外，由于政治制度和行政管理体制的复杂性，即使能够明确地划分出"职能区域"，但现实中业务交叉的情况仍然不可避免；因为划分标准不同，其"职能区域"也就不同，而每种职能当中可能都

包含着相同的业务过程和业务活动。例如，按照行业分类，我们可能会有农业、工业和服务业的类别；但是如果我们以管理和服务来分类，就有产品质量管理、进出口管理等类别，如图 2-4 所示。特别是如果将这两种分类标准同时作为职能划分的依据，那么在农业、工业和服务业等部门所存在的产品质量管理（如农产品质量管理）就会与同级的产品质量管理部门的职能重叠。而这种重叠在现实中是普遍存在的。也就是说，"职能区域"会与其下一层次的"业务过程"在功能上存在重叠。再如，就中央政府业务分解来说，"职能区域—业务过程—业务活动"三层结构可能不能很好地用来建立其业务模型，因为中央政府的业务包含的层级太多，如果要分解到具体的离散的、能够具体操作的业务活动，中间可能需要建立非常多的层级；而且中央政府部门也不需要亲力亲为地进行这些具体活动，其职责更多的是抽象行政行为。因此，与企业相比，我们比较难以建立政府逻辑职能领域[①]，因而也就不容易建立政府全域业务模型。

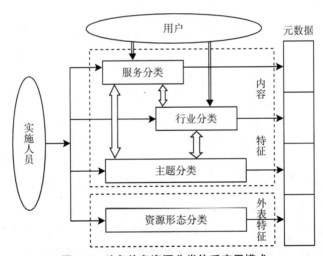

图 2-4　政务信息资源分类体系应用模式

资料来源：《政务信息资源目录体系第 4 部分：政务信息资源分类（征求意见稿）》。

　　这就可能会出现一个新的矛盾：按照三层结构构建的业务分类是独立于现有的部门分工的，是纯粹根据业务逻辑而获得的，也是实现整个政府范畴内的业务

---

① 所谓逻辑职能领域，是指根据一定的逻辑关系归并职能而成的职能组合，它是形成共享相同数据的信息系统的基础。按照这种方式导出的职能范围常常不同于组织机构的实际业务职能范围。

共享所必需的；但是，如果因为技术原因或是其他原因而不能完全地根据三层结构对全域政府业务进行梳理，其业务共享的目标也就会大打折扣。这是应用信息工程方法论必须注意和解决的问题。

三、FEA-DRM 与 IEM 的技术方法比较

1. 信息工程方法

信息工程方法论对当前的电子政务建设仍然具有积极的作用。虽然在应用"职能区域—业务过程—业务活动"三层结构分析整个政府的信息化总体设计时会出现很多的问题，但是在分析和梳理基层政府以及职能分工相对比较明确的政府机构的业务模型和信息资源管理时，由于基层政府和分工明确的政府机构通常是基于法律法规和上级文件的要求，对具体行政对象进行直接的管理和服务，"职能区域—业务过程—业务活动"三层结构都具有相对明确的逻辑边界，因而三层结构仍然具有方法论的指导意义，为基层单位和一些具体的行业管理梳理业务流程提供了一个简单有效的方法和工具。另外，主题数据库在规范应用部门的信息资源的分散采集和集中管理与共享方面，提供了可供借鉴的模式。在当前尚未建立政务信息资源国家分类标准和电子政务主题词表过于宏观而缺乏实际指导意义的前提下，主题数据库的理念、技术和方法具有其现实价值，是各级政府和部门开展电子政务规划和信息资源规划和建设的重要参考。

当然，信息工程方法是 20 世纪 80 年代初提出的，当时的信息资源规划技术与目前的发展现状相比，存在着明显的不足。这主要表现在两个方面：第一，主题数据库主要是以现有的业务而展开的，没有采用目前比较科学的知识管理的理论和方法，特别是没有以元数据的技术方法来构建。第二，信息工程方法论更多的是采用结构化的方法，而更为先进的面向对象的技术和方法应用不够，在模块化和组件化方面比较欠缺。

2. FEA-DRM

从前面有关 FEA-DRM 的数据抽象模型以及三个标准区的描述来看，FEA-DRM 充分应用了目前已发展的各种先进理念和技术方法，特别是其数据抽象模型较多地体现了面向对象的概念、技术和方法。

FEA-DRM 的最大特点就是其系统性。这种系统性来自以下几个方面：

一是 DRM 数据抽象模型有关数据结构的科学性。该模型将数据共享问题划分为数据描述、数据语境和数据共享共三个标准区，如图 2-1、图 2-2 所示，并且前两个标准区是数据共享标准区的基础和支撑量。只有在前两个标准区建立起来之后，数据共享才有基础。将复杂的数据共享模型简化为三个部分，让人们更加清楚地认识到数据共享问题的症结以及努力方向，为具体实施工作提供了赖以推动的手段。

二是数据参考模型与业务参考模型的逻辑相关性。业务参考模型好像很粗略，似乎缺乏可操作性，但是 BRM 在 DRM 中却得到充分的应用，而且 DRM 也依靠 BRM 的业务分类来建立相应的数据资产，是建立逻辑数据模型和物理数据模型必不可少的内容和步骤。我们可以从 DRM 的一个具体实例来见证这种逻辑相关性。

图 2-5 是美国内务部根据 DRM 实施的"娱乐一站式服务计划"时所开展的分类计划。图 2-5 说明了对应于同一个实体的五个不同的分类计划。例子中的实体为"娱乐区"的数据实体。

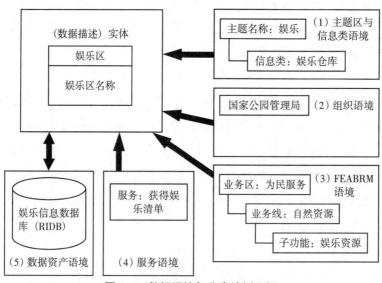

图 2-5 数据语境与分类计划示例

分类计划（1）提供了主题区和信息类语境，它们代表高层数据架构的主题区和信息类。表示了来自这个分类计划的两个话题（或者更准确地说，是一个父话题和一个子话题），并且在父话题"RECREATION"和子话题"RECREATION INVENTORY"之间存在着"子类"关系。这就说明，"娱乐区"是"RECRE-ATION INVENTORY"的一部分。

分类计划（2）提供了组织语境，代表了某个联邦政府部门的等级组织结构的一部分。表示了一个来自这个分类计划的主题，并且将"娱乐区"实体与这个话题（"国家公园管理局"）联系在一起，表明一个娱乐区要由被称为国家公园管理局的组织来使用或处理。这个分类方法也提供了一种识别跨部门的通用数据的机制。

分类计划（3）提供了使用 FEA BRM 的业务语境，代表了一部分的 FEA BRM 分类系统。表示了一个特定的子功能主题（"娱乐资源"），以及在 LoB（"自然资源"）和业务区（"为民服务"）中的父主题。"娱乐区"实体与 FEA BRM 的子功能"娱乐资源"方式相关联，而这个子功能则为这个实体建立起语境。这表明，关于"娱乐区"的数据通常是由支撑"娱乐资源"子功能的系统所创建、更新、处理或删除的。

分类计划（4）提供了服务语境，并说明了与"娱乐区"的数据处理相关的特定服务。表示了来自这个分类计划的一个主题，该主题阐明了一个给定服务的特定目标。通过与"娱乐区"实体相关联，该主题（Service：Get Recreation Inventory）也就说明，实体"娱乐区"是与该服务相关的信息模型的一部分——也就是说，当这项服务开始提供时，这是一项关键数据；通过该数据，人们能够获得一份空闲的娱乐设施清单；通过该清单，人们就可确定准确的娱乐区域。

分类计划（5）提供了数据资产语境，说明处理与"娱乐区"相关数据的特定系统、应用程序或物理数据仓库。表示了该分类计划的某个主题；而且，由于将实体"娱乐区"与该主题"娱乐信息数据库"（RIDB）相关联，这就表明，"娱乐区"数据的实例将作为娱乐信息数据库中的记录而存在。这类语境也描述了某个特定系统应用于某个实体，如实例创建、实例更新、实例删除或实例参考的具体处理方法。

从图 2-5 可以看出，在五个语境的界定下，一个数据实体的性质得到了全面的概括和说明，尤其重要的是，数据实体通过五个语境而与业务参考模型联系起来，从而建立了业务与数据之间的关系渠道。这条渠道与通过主题数据库的方式建立业务与数据之间的关系渠道商明显不同。

三是建立统一的数据描述规范。数据描述抽象模型（见图 2-6）将结构化数据资源、半结构化数据资源和非结构化数据资源等所有数字数据资源都纳入模型的规范范围，实际上等于将电子政务建设的各类信息资源都考虑进去了，特别是就结构化数据资源还制定了统一的数据格式（Data Schema），而所有的非结构化数据资源属性及其描述都采用都柏林核心元数据方案。

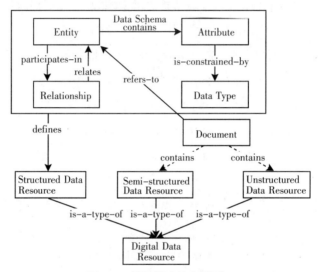

图 2-6　数据描述抽象模型

四、数据模型构建的注意事项

从上述分析来看，无论是 FEA-DRM 还是主题数据库方法，都是就业务数据本身的技术属性进行处理的，但是对政府行政管理过程以及管理实践来说，仅仅有业务数据的技术属性处理仍然是不够的。信息工程方法的主题数据库解决了业务与数据的关系以及数据的分类、聚类问题，FEA-DRM 的重点是通过数据描述和数据语境解决数据共享问题，但是这两种方法都没有考虑对数据进行再分类的问题。也就是说，这些方法仅仅停留在数据资源的数字化阶段（如 FEA-DRM 的"数字数据资源"），没有对各类数据资源的不同性质进行进一步的深入分析。主题数据库虽然将各类业务数据进行聚类，从而得出各自的业务共享数据；但是，这些业务共享数据的各自属性其实也还存在一定的差异。特别是就电子政务业务共享数据来看，由于法律法规以及行政管理体制的限制，电子政务业务共享数据的专有属性是非常明显的。例如，就有关法人主体的行政管理和服务来看，组织机构必须经过特定程序、由特定政府机构认定才能获得法人主体资格。认定法人资格的这种权利必须是专有的，只能由法定机构来执行。而有关法人资格的数据一旦建立，通常会在一定的时间段内保持不变，维持相对的稳定性。

因此，就法人库等基础信息资源建设来说，我们可以就前述的詹姆斯·马丁的"数据稳定性原理"做进一步的完善：①数据位于现代数据处理系统的核心；②业务处理是多变的，而数据在性质上是不确定的；一些数据与业务处理一起变化，而另一些数据则相对不变。我们将这些性质相对不变的数据称为主数据。

第三章　主数据与国家主数据

第一节　主数据与主数据管理：概念、特点及其借鉴

一、有关背景

虽然我们在上述 FEA 或主题数据库等目前现有的各类顶层设计架构中看不到有关主数据的解决方案甚至是主数据的概念和说法，但是主数据的概念与做法其实是一直存在的，只是由于在信息化建设初期，主数据的概念与做法由于职能分工和部门利益而隐藏在分工明确的各业务领域或业务过程之中。例如，就税务行业而言，税务局在按纳税人来做分析统计时会发现，关于纳税人的基本信息往往分布在核心征收管理系统、发票管理系统、个人所得税系统、增值税管理系统等几十个系统中，使得统计分析非常困难。再如，由于不是根据供应商所要求的有关产品层次的分类去建立自身的内部产品管理体系，医疗设备公司对各个产品的描述往往很不一样，因而在建立和维护产品目录方面就非常困难。类似的例子还有很多。例如，由于有关公民婚姻状况的信息按规定由民政部门而不是公安部门采集、更新和管理，而且公安部门有关自然人的基本信息也不包括自然人的婚姻状态信息，一些人便利用部门管理的这种缺陷，为其异地结婚（重婚、骗婚）提供方便。实际上，现实中利用这种管理上的缺陷进行重婚、骗婚的现

象一再发生①。

随着业务的发展，无论是对企业还是对政府管理部门来说，生成并维护一个统一的主数据管理系统已经变得十分迫切和必要。例如，对跨国公司而言，如何在不同的地区（各个国家和地区）的业务系统之间维护关于客户、产品目录、供应商等信息的单一视图是非常重要的。同样，对于有关个人身份信息的行政管理事务而言，建立全国统一的居民身份基础信息共享系统在当前具有非常现实的价值。目前驾驶证号已经采用居民身份证号，为管理交通事故肇事逃逸案件发挥了良好的作用。为此，有关专家建议扩大身份证号码的应用范围，认为如果住房公积金、房产权证、税务登记、学历文凭、银行账号等证照都采用居民身份证号，那么就可以建立公民信用等级系统，政法部门只要将官员的身份证号输入不同网络查询，他有多少不动产、多少银行存款、来源是否正常、是否受贿等，便一览无余了。②总之，加强主数据建设和管理在当前尤其具有现实性和紧迫性。

二、基本概念：主数据

主数据目前主要用于一些 IT 企业所提供的数据管理产品或解决方案中，但是尽管如此，人们对主数据仍然缺乏一个权威的定义。IBM 公司在其有关主数据管理的红皮书 "*Master Data Manangement：Rapid Deployment Package for MDM*" 中认为，所谓主数据是有关客户、供应商、产品和账户的企业关键信息；有人将主数据定义为"表示'跟踪事物状态'的数据"；也有人认为，企业主数据是用来描述企业核心业务实体的数据，比如客户、合作伙伴、员工、产品、物料单、账户等，它是具有高业务价值的、可以在企业内跨越各个业务部门被重复使用的数据，并且存在于多个异构的应用系统中；等等。这些定义分别从不同角度对主数据进行了界定，但是却没有从前述的数据稳定性来分析主数据。

我们根据这些不同定义对主数据做一个全面的概括：所谓主数据是指满足跨部门业务协同需要的、反映核心业务实体状态属性的企业（组织机构）基础信息。

从这个定义可以看出，主数据应该具有以下几个方面的特征：

---

① 孔令泉：《我国婚姻登记制度面临挑战》，《民主与法制时报》，2009 年 10 月 19 日。
② 黄嘉杰，建议国家建立居民身份证资源共享系统［EB/OL］.（2009-03-06）。http://people.rednet.cn/PeopleShow.asp? ID=292833.

一是超越部门。也就是说，主数据不是那种局限于某个具体职能部门的数据库。主数据是满足跨部门业务协同需要的，是各个职能部门在开展业务过程中都需要的数据，是所有职能部门及其业务过程的"最大公约数据"。

二是超越流程。主数据不依赖于某个具体的业务流程，但却是主要业务流程都需要的。状态属性是数据稳定性的重要表现，是主数据的核心属性，它不随某个具体流程而发生改变，而是作为其完整流程的不变要素。

三是超越主题。与前述信息工程方法中通过聚类方法选择主题数据不同，主数据是不依赖于特定业务主题却又服务于所有业务主题的有关业务实体的核心信息。

四是超越系统[①]。主数据管理是未来任何信息系统的基础，不能将其融合到其他信息系统中，它服务于但是高于其他信息系统，因此对主数据的管理要集中化、系统化、规范化。

五是超越技术。由于主数据要满足跨部门的业务协同，因而必须适应采用不同技术规范的不同业务系统，所以主数据必须应用一种能够为各类异构系统所兼容的技术条件。从这个意义上讲，SOA为主数据的实施提供了有效的工具。

主数据与组织机构的业务性质密切相关，因而不同的业务组织所需要的主数据存在着显著差异。对于ERP系统客户，供应商、物料、BOM、产品、合同、订单等都应该是最基础的数据；对于项目管理系统而言，项目信息则是最基本的基础数据。而对于CRM系统而言，销售项目是最基本的基础数据。不过，从企业管理来看，通常主要包含两类主数据：一是产品主数据，二是客户主数据。下面分别简要地介绍这两类主数据。

一是客户主数据。以企业信息管理为例，常见的主数据域包括[②]：

参与方。参与方包含的范围是所有与企业发生了或者发生过正式业务关系的任何合法的实体，比如填写了投保单的参与方。参与方是分类别的，可以是个人、机构和团体。对于参与方来说，因为开展业务的需要，可能要对他们进行分级、分类，比如VIP、黑名单等。个人包括个人基本属性、个人名称、职业、性

---

① 王波等：《通过标准化主数据实现高校数据交换》，《管理技术》，2008年第12期。
② 娄丽军：《主数据管理和实施》，http://www.ibm.com/developerworks/cn/data/library/techarticles/dm-0904loulj/.

别、教育等自然属性；机构是指在法律上有登记的组织实体，可以分为政府机构、商业机构、非营利机构等类别；团体可以有多种形态，比如可以是家庭、兴趣小组、某个大机构中的一部分，或者通过某种数据分析技术得出的客户细分群体。

角色：参与方在业务中扮演的角色。例如，对于保险行业而言，可以有投保人、被保人、受益人、担保人、报案人、核保人、查勘员、核赔人等。

关系：各参与方之间的关系，如夫妻关系、父子关系、母女关系、兄弟姐妹关系、总（母）公司分（子）公司关系、企业事业单位隶属、上下级关系等。

账户：账户是客户使用企业服务的付费实体。

位置：每个参与方可能拥有的所有联系地址，地址的类别包括邮寄地址、E-mail 地址、电信联络地址等。

契约：各参与方与企业之间的契约。

以航空公司为例，客户的主数据模型大致可以分为三部分，如表 3-1 所示。

表 3-1　航空公司的客户主数据模型

客户基本信息	个人及公司信息
	消费者市场状况
	常旅客会员卡号、状态及累计里程等
	客户间关系（个体—个体、个体—公司）
	联系地址，包括电话、电子邮件等
客户偏好信息	餐食偏好
	是否吸烟
	座位偏好
	机型偏好
	公务舱位偏好
	旅行舱位偏好
	休息室服务偏好
衍生信息	本月飞行里程
	年度飞行里程（最近 12 个月内）
	提前预订倾向
	习惯预订模式

续表

衍生信息	使用自主服务倾向
	上次预订使用的信用卡号
	累计 / 本月转签 / 取消航班次数
	转签航班倾向
	取消航班倾向
	无特定倾向

第三部分的信息是从整个业务信息系统中提取出来的，能够更好地、全方位地描述客户特征。

二是产品主数据。

产品主数据包括产品的概念设计、阶段设计、详细设计、计算分析、工艺流程设计、加工制造、销售维护、储存保管、售后服务、回收利用等整个生命周期内各阶段相关数据。从内容分类来看，产品主数据主要包括三大类[①]：设计图纸文件和电子文档、物料清单（BOM）和产品结构数据、工程变更单和流程的跟踪和管理信息。当然，不同类型的企业往往具有不同的产品主数据，如就一个摩托车生产企业来说，其主数据通常包括产品车型数据、组块及其零部件数据、颜色数据以及贴花数据等[②]。

三、主数据管理

1. 主数据管理（Master Data Management，MDM）

企业的各项活动都会产生数据。抽象地来看，我们可以根据这些数据的不同性质，将其划分为交易数据、主数据以及元数据，如图 3-1 所示。

（1）交易数据：用于记录业务事件，如客户的订单、投诉记录、客服申请等，它往往用于描述在某一个时间点上业务系统发生的行为。

（2）元数据：关于数据的数据，用以描述数据类型、数据定义、约束、数据关系、数据所处的系统等信息。

---

① 陈宏亮等：《产品数据管理技术在企业中的实施及应用》，《机械工业标准化与质量》，2000 年第 3 期。
② 屈仲生：《产品数据管理系统在摩托车企业中的应用》，《摩托车技术》，2005 年 9 月。

图 3-1 数据管理的范畴

（3）主数据：主数据则定义企业核心业务对象，如客户、产品、地址等，与交易流水信息不同，主数据一旦被记录到数据库中，需要经常对其进行维护，从而确保其时效性和准确性。主数据还包括关系数据，用以描述主数据之间的关系，如客户与产品的关系、产品与地域的关系、客户与客户的关系、产品与产品的关系等。

主数据管理是指一整套用于生成和维护企业主数据的规范、技术和方案，以保证主数据的完整性、一致性和准确性，目的是协调和管理与企业的核心业务实体相关的系统记录和系统登录中的数据和元数据。主数据管理一般需要支持以下六大功能：

一是指定每个特定主数据域的业务职责，如产品、客户、供应商和组织结构。严格履行职责可保证接入共享资源的系统始终保持高质量主数据。

二是提取分散在各个应用系统中的主数据集中到主数据存储库，主数据存储库一般采用二维数据库存储主数据。

三是根据企业业务规则和企业数据质量标准对收集到的主数据进行加工清理，从而形成符合企业需求的主数据。

四是制定主数据变更的流程审批机制，从而保证主数据修改的一致性和稳定性。

五是实现各个数据利用系统与主数据存储库的数据同步，从而保证每个系统使用的主数据相同。

六是随着 IT 系统的建设，主数据的修改动作必然从现有分散的各个系统转移到主数据存储库集中进行，因此必须保证当前主数据管理系统的灵活性，方便修改、监控、更新关联系统主数据的变化。

主数据管理的典型应用有客户数据管理（Customer Data Integration）和产品

数据管理（Product Information Integration）。

2. 主数据管理成熟度

对于任何一个企业甚至是复杂的组织机构而言，主数据管理都会经历一个不断演进的过程，其管理能力随着时间而不断提高。有人将一个企业或组织机构的主数据管理能力划分为六个不同等级的成熟度。下面综合相关资料，简要地介绍这六个成熟度等级及其基本内容。

等级1：没有实施任何主数据管理

此时，企业的各个应用之间没有任何的数据共享，整个企业没有数据定义元素存在。比如，一个公司销售很多产品，对这些产品的生产和销售由多个独立的系统来处理，各个系统独立处理产品数据并拥有自己独立的产品列表，各个系统之间不共享产品数据。同时，每个独立的应用负责管理和维护自己的关键数据（如产品列表、客户信息等），各个系统间不共享这些信息，这些数据是不连通的。

等级2：提供列表

此时，公司通过手工的方式维护一个逻辑或物理的列表。当各个异构的系统和用户需要某些数据时，就可以索取该列表了。对于这个列表的维护，包括数据添加、删除、更新以及冲突处理，都是由各个部门的工作人员通过一系列的讨论和会议进行处理的。业务规则（Business Rules）是用来反映价值的一致性的，当业务规则发生改变或者出现类似的情况时，这样高度手工管理的流程容易发生错误。由于列表管理是通过手工管理的，其列表维护的质量取决于谁参加了变更管理流程，一旦某人缺席，将会影响列表的维护。

等级2与等级1不同的是，各个部门虽然还是独立维护各自的关键数据，但会通过列表管理维护一个松散的主数据列表，能够向其他各个部门提供其需要的数据。在等级2中，数据变更决定以及数据变更操作都是由人来决定的，因此，只有人完成数据变更决定后才会变更数据。在实际情况中，虽然数据变更流程有严格的规定，但是由于缺乏集中的、基于规则的数据管理，当数据量比较大时，数据维护的成本会变得很高，效率也会很低。当主数据，比如客户信息、产品目录信息等数量比较少时，列表管理的方式是可行的，但是当产品目录或客户列表出现爆炸式增长以后，列表管理的变更流程将变得困难起来，因为这依赖于所有人的协作。

等级 3：同等访问（通过接口的方式，各个系统与主数据主机之间直接互联）

与等级 2 相比，等级 3 引入了对主数据的（自动）管理。通过建立数据标准，定义对存储在中央知识库（Central Repository）中详细数据的访问和共享，为各个系统间共享使用数据提供了严密的支持。中央知识库（Central Repository）通常被称为"主数据主机"（Master Data Host），它可以是一个数据库或者一个应用系统，通过在线的方式支持数据的访问和共享。

创建、读取、更新和删除（CRUD）是处理基本功能的典型编程术语。等级 3 引入了"同等访问"（Peer-based Access），也就是说一个应用可以调用另一个应用来更新或刷新需要的数据。当 CRUD 处理规则定义完成后，等级 3 需要客户或"同等"应用格式化请求（和数据），以便和 MDM 知识库保持一致。MDM 知识库提供集中的数据存储和供应（Provisioning）。在这个阶段，规则管理、数据质量和变更管理必须在企业范围内作为附加功能定制构建。

比如，一个数据库或一个打包应用（如一个销售自动化系统）对外部应用提供数据访问功能。当一个外部应用（如呼叫中心应用）需要增加一个客户时，这个外部应用将提交一个事务，请求数据所有者增加一个客户条目。主数据主机（Master Data Host）将增加数据并告知外部应用。CRUD 处理方式比纸上办公有了很大提高，其是基于会话的数据管理。在等级 2 中，数据变更是基于手工的方式。在等级 3 中，数据变更是自动完成的——通过由具体技术实现的标准流程，允许多应用系统修改数据。等级 3 可以支持不同的应用使用和变更单一、共享的数据知识库。等级 3 需要每个同等应用理解基本的业务规则以便访问主列表、与主列表进行交互。因此，每个同等应用必须正确恰当地创建、增加、更新和删除数据。授权应用有责任坚持数据管理原则和约束。

等级 4：集中总线处理

等级 3 的主数据主机上存储的数据还是按照各个系统分开存储的，没有真正地整合在一起。与此相比，等级 4 打破了各个独立应用的组织边界，使用各个系统都能接受的数据标准统一建立和维护主数据。集中处理意味着为 MDM 构建了一个通用的、基于目标构建的平台。这极大地降低了应用数据访问的复杂性，大大简化了面向数据规则的管理，使 MDM 比一个分散环境具有更多的功能和特点。

等级5：业务规则和政策支持

一旦数据从多个数据源整合在一起，主题域视图超越单独的应用并表现为一个企业视图，从而获得事实的单一版本。等级5可以保证主数据反映一个公司的业务规则和流程，并证实其正确性。等级5通过引入主数据来支持规则，并对MDM总线以及其他外部系统进行完整性检查；不仅支持基于规则的整合，还要能够整合外部的工作流。

等级6：企业数据集中

在等级6中，总线和相关的主数据被集成到独立的应用中。主数据和应用数据之间没有明显的分隔，它们是一体的。当主数据记录详细资料被修改后，所有应用的相关数据元素都将被更新。这意味着所有的消费应用和源系统访问的是相同的数据实例。这本质上是一个闭环的MDM：所有的应用系统通过统一管理的主数据集成在一起。在这个级别，所有信息在系统看起来都是事实的同一个版本。操作应用系统和MDM的内容是同步的，所以当变更发生时，操作应用系统都将更新。在注册环境中，当数据更新时，总线将通过Web服务连接相关系统应用事务更新。因此，等级6提供了一个集成的、同步的架构，当一个有权限的系统更新一个数据值时，公司内所有的系统将反映这个变更。系统更新完数据值后不要单选其他系统中相应值的更新：MDM将使这种更新变得透明。

从等级5到等级6意味着MDM功能性不是在一个应用内被特殊设计或编码的。这还意味着主数据传播和供应不需要源系统专门的开发或支持。所有的应用清楚地知道它们并不拥有或控制主数据，它们仅仅使用数据来支持它们自己的功能和流程。由于MDM总线和支持的IT基础架构，所有的应用可以访问主参考数据。一个公司在完成等级6后将使它们所有的应用（既包括操作的也包括分析的）连在一起，主数据的所有访问都是透明的。等级6克服了主数据的最后一个障碍：统一采用数据定义、授权使用和变更传播。

3. 企业主数据管理系统逻辑架构

一个完整的主数据管理解决方案的逻辑架构如图3-2所示。

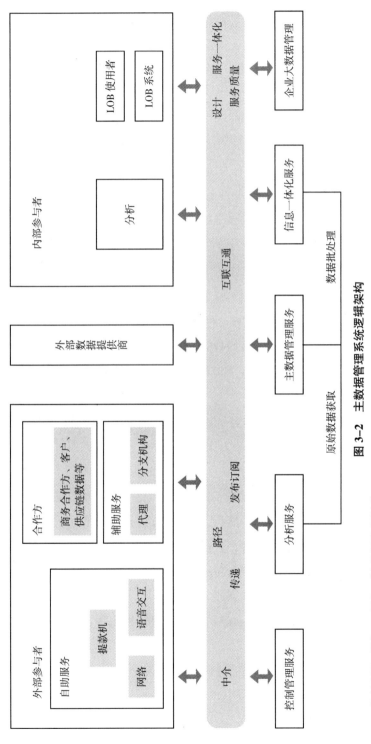

图 3-2 主数据管理系统逻辑架构

资料来源：程永、王雪梅：《主数据管理详解》，http://database.csdn.net/page/d3009b3a-ed25-45db-a8b6-5a935475ea92。

在一个完整的主数据管理解决方案中，除了主数据管理的核心服务组件之外通常还会涉及企业元数据管理、企业信息集成、ETL、数据分析和数据仓库以及 EAI/ESB 等其他各种技术和服务组件。其中主数据管理服务又包括如下一些主要的服务组件：

（1）接口服务（Interface Services）：为企业中需要主数据的所有业务系统提供各种服务接口，通过实时的、批量的接口可以读取或者修改主数据。除了那些标准的技术接口之外，对于某些专有系统还提供适配器接口，通过适配器接口可以和一些特有的系统做接口，如企业中的传统应用系统。

（2）生命周期管理服务（Lifecycle Management Services）：履行针对主数据的 CRUD 操作，执行对主数据存储库中的数据进行更新、存取和管理时的业务逻辑，除此之外，它还负责维护主数据的衍生信息，如客户之间的关系、客户的偏好、客户在各种客户服务渠道上的行为轨迹等。生命周期管理服务贯穿整个主数据管理的生命周期，它利用 Data Quality Management Services 来确保数据质量、利用 Master Data Event Management Services 来捕获各种主数据变化等相关事件，以及利用 Hierarchy and Relationship Management Services 来维护数据实体之间的关系和层次。

（3）数据质量管理服务（Data Quality Management Services）：确保主数据的质量和标准化，这在主数据管理解决方案中是一个非常重要的组件，从各个业务系统获取数据之后，要对数据进行清洗和验证，如对于地址而言，要弥补地址的缺失、地市的缺失、邮编的缺失、进行地址的标准化等。对于其他数据要进行非空检查、外键检查、数据过滤等。然后要对数据进行匹配/重复识别、自动进行基于规则的合并/去重、交叉验证等，并且还要遵从企业的数据管控规范和流程。它可以是 Master Data Management Services 的一个内部组件，也可以调用整个企业的 Information Integrity Services 来实现。

（4）账户管理（Authoring Services）：依据数据管控流程，定义和扩展企业的主数据模型。

（5）等级关系管理服务（Hierarchy Relationship and Management Services）：定义数据实体的层次（Hierarchy）、分组（Grouping）、关系（Relationship）、版本（Version）等。

（6）主数据事件管理服务（Master Data Event Management Services）：捕获事件并且触发相应的操作，包括事件发现、事件管理和通知功能，它在主数据管理系统和业务系统之间进行数据同步时起到至关重要的作用。

（7）通用服务（Base Services）：提供通用服务，包括安全控制、错误处理、交易日志、事件日志等功能。

（8）主数据存储库（Master Data Repository）：包括 Metadata、Master Data、History Data、Reference Data 等。

四、与其他相关概念之间的区别与联系

主数据和主数据管理往往和其他已有的概念、信息产品或系统混在一起，从而影响人们对主数据与主数据管理本质的认识。本书已经在前面就主数据的特征进行的分析中，指出了其与其他业务系统的差异，但是为了加深人们对主数据和主数据管理的认识，必须将其与其他概念和系统进行比较。这里重点从元数据、数据仓库等概念出发进行比较。

1. 主数据和元数据

主数据和元数据是两个完全不同的概念。元数据是指表示数据的相关信息，比如数据定义等，而主数据是指实例数据，比如产品目录信息等。比如，某省地税开发了一套征收管理软件，以市为单位部署了 17 套，虽然每套征收管理软件中的元数据都是一样的，但主数据还是需要进行管理的。主数据管理和传统数据仓库解决方案不是一个概念，数据仓库会将各个业务系统的数据集中在一起进行业务的分析，而主数据管理系统不会把所有数据都管理起来，只是把需要在各个系统间共享的主数据进行采集和发布。相对于传统数据仓库解决方案的单向集成，主数据管理注重将主数据的变化同步发布到各个关联的业务系统中（主数据管理数据是双向的）。

2. 主数据管理系统与数据仓库/决策支持系统

主数据管理系统与数据仓库系统是相辅相成的两个系统，但二者绝不是重复的，也不是互斥的。它们有很多共同之处：

第一，二者对企业都具有相同的价值，可以减少数据冗余和不一致性、提升对数据的洞察力，二者都是跨部门的集中式系统。

第二，二者都依赖很多相同的技术手段，都会涉及 ETL 技术，都需要元数据管理，都强调数据质量。

第三，二者建设手段类似，都需要数据治理的规范作为指导，都需要不同系统、不同部门的协作，都需要统一的安全策略。

但是，主数据管理系统和数据仓库/决策支持系统二者之间也存在很多不同之处：

第一，处理类型不同。主数据管理（MDM）系统是偏交易型的系统，它为各个业务系统提供联机交易服务，系统的服务对象是呼叫中心、B2C、CRM 等业务系统；而数据仓库属于分析型的系统，面向的是分析型的应用，是在大量历史交易数据的基础上进行多维分析，系统的使用对象是各层领导和业务分析、市场销售预测人员等。

第二，实时性不同。与传统数据仓库方案的批量 ETL 方式不同，主数据管理系统在数据初始加载阶段要使用 ETL，但在后续运行中要大量依赖实时整合的方式来进行主数据的集成和同步。

第三，数据量不同。数据仓库存储的是大量的历史数据和各个维度的汇总数据，可能会是海量的，而 MDM 存储的仅仅是客户和产品等信息。

一般来说，主数据管理系统从 IT 建设的角度而言都会是一个相对复杂的系统，它往往会和企业数据仓库/决策支持系统以及企业内的各个业务系统发生关系，技术实现上也会涉及 ETL、EAI、EII 等多个方面，如图 3-3 所示，一个典型的主数据管理的信息流为：

（1）某个业务系统触发对企业主数据的改动。

（2）主数据管理系统将整合之后完整、准确的主数据分发给所有有关的应用系统。

（3）主数据管理系统为决策支持和数据仓库系统提供准确的数据源。

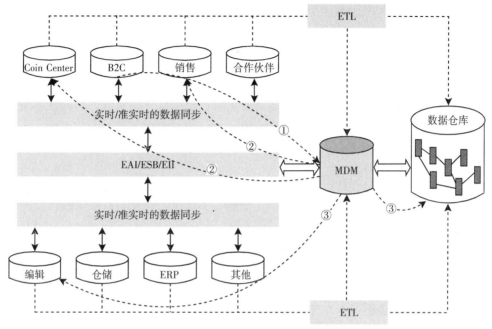

图 3-3 主数据管理的信息流

第二节 国家主数据

在前面讨论和分析了 FEA-DRM 以及主题数据、主数据的概念之后，我们接着将对这些内容进行综合并将其运用到我国法人库标准化建设当中来。为此，我们这里先提出"国家主数据"的概念，然后将这个概念融入数据参考模型，并结合主题数据，深入分析法人库的标准化发展方向及其与国家各职能部门业务应用的关系（第六部分的内容）。

一、背景

虽然目前主数据这个概念主要应用于企业信息化建设、信息化解决方案和产品，但是在我国电子政务建设中也存在类似于主数据的概念和做法，那就是前面提到的"四大基础数据库",即"人口基础信息库、法人单位基础信息库、自然资源和空间地理基础信息库、宏观经济数据库"①。从实施这些基础数据库的政策导向来看,中央也是希望让这几个基础数据库成为各政府部门开展电子政务的共享资源,也即发挥其主数据的作用。不过,从具体实施情况来看,基础数据库要真正发挥主数据的功能还有不少困难需要克服,至少从目前来看,基础数据库和主数据之间还存在很大的差异,从而阻碍了基础数据库的发展。这些差异具体表现为以下几个方面:

第一,与企业内部部门之间各自为政的情况相比,政府部门之间的这种孤立局面除了受到部门利益的束缚之外,还受到有关法律、法规与行政管理体制等的硬约束。这些法律、法规与行政管理体制构成政府部门之间实现主数据管理的严重障碍,使得这些基础数据库难以实现其主数据功能。

第二,我们对基础数据的建设内容、发展方向特别是与各业务部门的关系缺乏清晰的认识。虽然提出基础数据的初衷就已经表明了其未来的努力重点,但是对于如何去实现、如何构建统一的架构以及实现共享的机制缺乏科学的认识。而在一个企业内部,这些都不会成为建设主数据的问题。

第三,缺乏基础数据建设标准。虽然在 2002 年就提出四大基础数据建设问题,但是由于我们对其作用的认识很含糊,因而对其技术选择与总体架构把握不住,缺乏相关的技术标准,硬件建设和安全方面的很多问题没有得到解决。与此相比,企业主数据则不存在这些问题,其技术实现非常明确,其建设过程简单有效,业务应用整合高效。

为了突破当前有关四大基础数据库建设中的种种困境,我们必须从企业主数据的角度去理解、认识基础数据库建设问题。为此,我们可以将这些基础数据看作国家主数据。

二、定义与特征

为了克服当前有关"基础数据库"含义不清的问题,我们必须进一步以国家

---

① 不过,从主数据定义中有关业务实体状态属性的核心信息来看,四大基础数据库中的"宏观经济数据库"似乎不符,因为其中没有明确的业务实体。因此,真正的基础数据库只有三个。

主数据的概念来界定当前若干个国家基础数据库，并为推进这些基础数据库的建设与应用、维护与管理提供思路。

所谓国家主数据即满足国家跨部门电子政务业务协同需要的、反映业务实体法定属性及其状态变化的基础信息。与企业主数据、基础数据相比，这个概念具有以下几个方面的特征：

1. 与四大基础数据库保持连续性

与企业主数据定义的"核心信息"相比，这里以"基础信息"作为定义的关键词。其目的除了希望能够以前述的经过完善的"数据稳定性原理"来深入阐述国家主数据的复杂性外，还希望与四大基础数据库保持连续性。

2. 必须是法定信息

行政管理的基本要求是依法行政，因此其国家主数据必须以"法定"为基本要求，这是国家主数据与企业主数据最显著的差别。企业主数据域的确定主要根据数据的稳定性及业务共享的需要，而国家主数据除了需要满足数据稳定性和业务共享的要求之外，还必须以是否得到法定许可、是否合乎法定要求作为选择标准。

3. 包含更丰富的内容

从这些年来基础数据库的发展来看，我们对基础数据是缺乏科学有效的认识的。我们仅仅将基础数据库看作对那些法定基础信息的存储和管理，而没有将其与业务信息联合起来，这也就制约了基础信息库的应用作用，使其难以突破各种制度的束缚。

4. 促进信息化应用与推广

主数据从数据稳定性和业务实体属性出发来界定，因而各个层次的政府（部门）都能以此为根据找到自己所需要的主数据；与行政管理体制和行政管理边界相对契合，因而也能相对较容易地实施。从这个意义上讲，主数据比基础数据更灵活，也更实用。例如，对于一些技术性较强、应用范围不是很广的业务部门来说，建立自己的主数据非常重要，但是受制于基础数据库的约束，这些部门难以建立能够得到政策支持的专有系统。

同时，主数据为将业务实体的基础信息与业务信息相分离从而为加强部门间的信息共享与业务协同提供了理论依据。从这个意义上讲，基于数据稳定性和业务实体属性，省级政府也应该可以建立自己的主数据，如河北省人口主数据、河北省法人主数据等。另外，这个概念也为业务属性通过等级继承而构成新的主数据提供了理论支持，如在空间地理与自然资源基础数据库的基础上，林业管理部门可以据此建立湿地主数据、森林主数据等。通过这些主数据，林业部门可以为环保部门、发改部门以及工业部门的规划与决策提供基础信息服务。

第四章　法人主数据及其管理

第一节　法人主数据库及其主数据域的确定

作为四大基础信息库之一，法人库在国家电子政务建设中具有重要的地位和作用，是国家信息化和电子政务建设的一项重要基础设施。但是，对于法人库的具体性质及其实施目前尚缺乏统一权威的方案，这里从研究角度出发，对法人库的概念与性质进行尝试性的研究。

前述有关FEA-DRM、主题数据和主数据的分析，为我们分析法人主数据库提供了非常丰富的素材和基础。根据这些内容，我们可以认为，法人主数据库是在统筹质检、工商、编制以及民政等部门有关各类法人、非法人组织机构的法定基础信息基础之上建立起来的，满足不同行政管理部门与行业发展对有关法人和非法人组织机构的实时动态的基础信息需要的主数据。从这个定义我们知道，法人库应该是一个主数据，应该包含前述的有关主数据的属性与必要特征。法人库建设应当遵循主数据建设的理论、技术和方法，构建一个及时整合各类法人、非法人组织机构的基础信息并为各业务应用流程提供不同层次需要的综合统一的实时动态的数据平台。

一、作为主数据的法人库建设现状

根据前面有关主数据的分析，主数据模型应该根据业务实体的属性特点，划分为不同的部分。例如，前面的客户主数据数据模型就包括客户基本信息、客户偏好信息、衍生信息三个部分。因此，为确立法人主数据，我们必须建立法人主数据数据模型，明确各主数据域的具体内容。为此，我们先从当前法人库建设的基本内容入手，了解法人库的相关情况。

"企业基础信息共享"工作是我们从主数据管理角度认识当前法人库建设情况的一个参照。2005 年开始，原国信办与国家工商行政管理总局、国家税务总局、国家质量监督检验检疫总局四个部门发布《关于开展企业基础信息共享工作的通知》（国信办〔2005〕10 号），希望通过几个相关部门的合作共同推动企业基础信息交换平台的建设。根据国信办〔2005〕10 号文的精神，工商、国税、地税和质监部门的企业基础信息各有不同，除了一些系统项目外，还包含本业务部门的专有信息，如表 4-1 所示。

表 4-1　企业基础信息共享内容

工商部门	开业登记信息	企业注册号、企业名称、法定代表人、身份证件号码、住所、邮政编码、联系电话、前置许可经营项目、一般经营项目、行业代码、企业类型、成立日期、登记机关
	变更登记信息	企业注册号、企业名称、变更事项、变更后内容、核准日期
	注销登记信息	企业注册号、企业名称、注销事由、注销日期、注销机关
	吊销营业执照信息	企业注册号、企业名称、吊销原因、吊销日期
	年检验照信息	企业注册号、企业名称、年检年度、年检情况
国税部门	税务登记信息	组织机构代码、企业注册号、纳税人识别号、纳税人名称、法定代表人、注册地址、税务登记日期、税务登记机关
	注销税务登记信息	组织机构代码、企业注册号、纳税人识别号、纳税人名称、注销原因、注销日期、注销机关
	税务登记验证、换证信息	组织机构代码、企业注册号、纳税人识别号、纳税人名称、验换证日期
	非正常户信息	组织机构代码、企业注册号、纳税人识别号、纳税人名称、非正常户认定日期、非正常户解除日期
	提请工商行政管理部门吊销营业执照信息	企业注册号、企业名称、提请吊销原因、提请吊销日期
	行政处罚结果信息	组织机构代码、企业注册号、纳税人识别号、纳税人名称、违法违章手段、行政处罚结果、行政处罚日期
	无照经营企业信息	企业名称、住所

地税部门	税务登记信息	组织机构代码、企业注册号、纳税人识别号、纳税人名称、法定代表人、注册地址、税务登记日期、税务登记机关
	注销税务登记信息	组织机构代码、企业注册号、纳税人识别号、纳税人名称、注销原因、注销日期、注销机关
	税务登记验证、换证信息	组织机构代码、企业注册号、纳税人识别号、纳税人名称、验换证日期
	非正常户信息	组织机构代码、企业注册号、纳税人识别号、纳税人名称、非正常户认定日期、非正常户解除日期
	提请工商行政管理部门吊销营业执照信息	企业注册号、企业名称、提请吊销原因、提请吊销日期
	行政处罚结果信息	组织机构代码、企业注册号、纳税人识别号、纳税人名称、违法违章手段、行政处罚结果、行政处罚日期
	无照经营企业信息	企业名称、住所
质监部门	组织机构代码颁证信息	企业注册号、组织机构代码、机构名称、机构注册类型、颁证日期
	组织机构代码变更信息	组织机构代码、机构名称、变更事项、变更内容、变更日期
	组织机构代码废置信息	组织机构代码、机构名称、废置日期

经过仔细研究，我们发现，"企业基础信息共享内容"并不完全符合主数据域的要求。具体表现在以下几个方面：

第一，不能反映法人主数据状态属性的完整信息，涵盖的内容相对比较有限。"企业基础信息共享内容"主要是有关企业法人本身的业务信息，其他法人不包括在内。此外，企业法人的其他各方面信息也不多。例如，其中没有企业法人的信用状态信息等。同时，"企业基础信息共享内容"虽然也包含大量的"稳定性数据"，但是其重点却侧重于图 2-6"数据管理的范畴"中的"交易信息"，是日常工作的实务操作，与法人主数据并没有多大的关系。

第二，还没有建立企业级[①]的主数据。就"企业基础信息共享内容"而言，相关的信息是由不同的政府部门所有的，而且很多数据是相互之间都有但其信息却并不完全一致并得到及时更新的。从体制上讲，目前各个部门之间还没有建立类似于一个企业内部的各部门之间的密切协作关系。

---

① 这里的"企业"（Enterprise）并不是我们通常理解的"生产型企业"概念，而是专指一个大型的复杂的组织机构。

第三，"企业基础信息共享内容"没有建立与应用部门的业务管理数据。当然，这些业务管理数据仍然属于"稳定性数据"，因为业务管理由管理制度决定，而在一定时期内，业务部门的管理制度通常是不容易发生改变的。在业务管理数据方面，前面介绍的产品管理就包括"工程变更单和流程的跟踪和管理信息"，其中的"流程跟踪和管理信息"即属于业务管理数据。

因此，根据上述分析，我们必须在目前若干材料的基础上，科学地构建法人主数据的模型结构。

二、法人主数据的构建原则

在当前没有确立法人库主数据的情况下，我们必须基于法人库的基本需求及主数据理论与技术的基本要求来科学合理地确立法人主数据的数据模型及各主数据域的具体内容。但是，在具体构建之间，必须明确相关的原则：

第一，调动与法人基础属性管理相关的各政府部门参与的积极性。构建法人主数据是一项非常复杂的工作。因为，一方面，法人基础信息分布在诸多的政府部门，协调起来相当有难度，如果不得到这些相关部门的支持，法人库建设就将出现很多的协调问题；另一方面，法人基础信息的应用部门在使用过程中会发现很多的具体问题，法人主数据的建设必须能够鼓励这些应用单位积极地将这些即时动态的法人基础信息反馈给法人库建设运营管理单位，以保证法人库的及时更新，提高其信息价值。

第二，尽量确保法人基础信息的完整性。法人基础属性包含很多内容，法人主数据应该将这些基础属性悉数收录，以使之充分、全面地反映法人的性质和状态。

第三，保障主数据与各业务系统的高度关联性。法人主数据必须与各业务部门的电子政务管理与服务密切联系，应该成为电子政务总体架构的一部分，能够从架构上为业务参考模型提供服务支撑。

第四，体现模型的可扩展性。法人主数据的应用范围非常广泛，不仅包括各级政府部门，也包括一些重要行业如银行与公共服务行业等。因此，主数据的设计一定要体现灵活性原则，让模型能够适应不同行业的业务发展需要。

三、以组织机构代码库为基础构建法人主数据库

我国目前尚缺乏能够直接构建主数据管理系统的资源，但是，与"企业基础信息共享内容"相比，组织机构代码库由于具备各类法人和非法人的基础信息，法人属性项目采集相对比较完整，如表 4-2 所示，并且在长期的发展过程中业已建立起海量的法人基础信息库，因而可以作为法人主数据管理系统的基本依托信息库。

表 4-2　组织机构代码数据项

序号	数据项目	序号	数据项目
1	机构代码（8 位加一位校验码）	20	主要产品 3（代码）
2	机构名称	21	注册资金（单位：万元）
3	机构类型（代码）	22	货币类型（代码）
4	法定代表人	23	外方投资国别（代码）
5	经营范围	24	职工人数
6	经济行业（代码）	25	副本数量
7	经济类型（代码）	26	证书流水号
8	注册日期	27	变更标记
9	主管机构代码（8 位加一位校验码）	28	变更日期
10	批准机构代码（8 位加一位校验码）	29	录入人
11	行政区划（代码）	30	制卡日期
12	机构地址	31	制卡标志
13	邮政编码	32	制卡人
14	电话号码	33	印卡标志
15	办证日期	34	印卡人
16	作废日期	35	印卡日期
17	办证机构代码（办证机构行政区代码）	36	电子副本数量
18	主要产品 1（代码）	37	年检日期
19	主要产品 2（代码）	38	年检人

续表

序号	数据项目	序号	数据项目
39	年检期限	44	迁址标志（1：迁址机构）
40	卡号	45	主管机构名称
41	修改人	46	批准机构名称
42	正本数量	47	批准文号
43	注册号或登记号	48	批准日期

组织机构代码是实现国家经济和社会管理现代化的一项基础性工具。早在1997年，国务院有关领导就指出，"对单位法人实行组织机构代码和对自然人实行社会保障号码制度，是国家整个经济和社会实现现代化管理的基本制度，尽快建立这一制度对建立社会主义市场经济体制和推动社会进步具有十分重要的意义，且具有紧迫性"。自1989年国家建立组织机构代码制度以来，实践证明，组织机构代码（以下简称代码）越来越成为国家宏观管理的重要基础信息，在各项经济活动和行政管理中被越来越多的部门和领域应用，已经成为国家整个经济和社会发展实现现代化管理的重要信息源之一，为各级政府部门开展电子政务、加强行政管理、监督企事业单位与社会团体的经济社会行为提供了有效的技术手段，成为信息化条件下完善我国监督管理体系的一项基础性工具。

从代码促进国家的经济社会管理的作用过程来看，其功能主要包含六个层次：

1. 标准化

这里的标准化是指按照科学合理的编码方法对所要标识的对象进行统一赋码，是从技术上讨论代码的编制方法问题。

就目前的编码方法来看，主要有两种[①]：一种是采用有含义代码。所谓有含义代码是指代码在标识某种信息时，本身也具有某种实际意义：不仅可以作为其代表事物的标识，而且可以直接提供该事物的相关信息。最常见的例子就是居民身份证：18位数字中，前6位数字表示居民初始登记所在地的行政区划代码，中间8位表示居民出生的年月日，后3位表示顺序，最后1位是校验码。因此，从身份证号码就能了解持证者的基本情况。另一种就是无含义代码，即代码本身

---

① 顾迎建等：《组织机构代码系统工程》，中国计量出版社2003年版。

无实际含义，只作为其代表事物的唯一标识。最常见的例子就是组织机构代码，目前包括我国在内的很多国家采用9位无含义代码对企业身份进行标识。

考虑到被赋码对象的信息项目及其内容的实时动态性，采用无含义代码比采用有含义代码更为可取。如海南建省和重庆成为直辖市后，海南省和重庆市的公民身份证号码仍然是广东省和四川省的行政区划代码，这样有含义代码所代表的信息就不准确了。在信息网络时代，无含义代码在信息项目变更、信息检索等方面具有更大的优越性。

其实，从某种标准来看，无含义代码与市场、信用等概念在逻辑关系上具有某种一致性。在一个国家，经济本身的发展会使市场突破地域限制而到达一国边界内的每个角落，征信工作只有在全国的范围内开展才具有真正的信用价值。因此，对使用无含义代码的标识对象及其管理体制而言，采用属地化管理制度会人为地造成管理的障碍。

在电子政务和信息化条件下，代码的标准化问题又有了新的内涵。一方面，随着代码相关的电子政务应用范围的扩大，所需要的政务数据库不断增加、所产生的政务信息资源日益增多，因而有必要从这些由不同数据库组成的海量信息资源中提取各自的特性数据即元数据，以便人们能够相对容易和便捷地理解和认识信息资源的特性和规律；另一方面，随着电子政务、电子商务等业务应用系统的大量增加，依靠操作人员的经验和技巧已经难以实现不同系统之间的信息共享与数据交换，必须形成相应的数据交换标准。因此，今后代码的标准化工作应该转到电子政务标准化工作的大方向上来，围绕业务协同、资源共享与信息资源开发利用而建立与代码应用相关的电子政务元数据标准和数据交换标准。

2. 通过标识代码对社会对象进行分类管理

根据商务印书馆出版的《现代汉语词典》（1985年版），所谓组织，从行为上来讲，就是安排分散的人或事物使其具有一定的系统性或整体性；从属性上来讲，就是按照一定的宗旨和系统建立起来的集体。所谓机构，泛指机关、团体或其他工作单位，有时也指机关、团体等的内部组织。从这里可以看出，组织和机构就是按照一定的属性建立起来的、完成某种特定作用的实体。这些实体本身涉及众多的个人或要素（如资本），所以其资格需获得相关程序的认可。因此，对组织机构赋码理应和对自然人赋码存在很大的差异。实际上，自然人无须法律认可即可自然而然地获得居民身份证及其号码，如根据《中华人民共和国居民身份证法》的规定，"居住在中华人民共和国境内的年满十六周岁的中国公民，应当依照本法的规定申请领取居民身份证"。但是，组织机构要取得身份编码其本身必须"依法成立"，具备相应的条件。例如，就作为组织机构代码主体的法人来看，《中华人民共和国民法通则》（以下简称《民法通则》）规定，法人应当具备以下四个条件：①依法成立；②有必要的财产或者经费；③有自己的名称、组织机构和场所；④能够独立承担民事责任。

由于自然人能够自然而然地取得身份资格，因此在赋码对象方面就不存在任何的歧义或遗漏的地方。但是，对组织机构而言就没这么简单了。人们虽然将组织机构代码看作与个人身份证件等同的另一种身份证件，但是组织机构代码和个人身份证之间其实存在着非常大的差异。根据《民法通则》，目前我国的组织机构主要包括五类，即企业法人、事业法人、机关法人、社会团体法人和联营法人，①每类法人也都有自己的注册登记管理机关。但是，就社会实际发展情况来看，这些法人难以构成组织机构的全部。因此，在如何界定组织机构代码赋码对象上，就存在很多的问题。特别是随着我国从原先的计划经济向社会主义市场经济的转型，各种新的组织结构形式不断出现，上述《民法通则》所规定的四种条件往往无法全部具备。例如，《关于加强社会团体和民办非企业单位管理工作的通知》（中办发〔1996〕22号）就第一次确立了"民办非企业单位"的概念，1998年10月25日颁布的《民办非企业单位登记管理暂行条例》就系统地对"民办非企业单位"的相关制度进行了规定，规定了9类行（事）业的"民办非企业单位"。再如，为规范个体经营者的市场主体地位，国家质量监督检验检疫总局于2003年3月11日发出《关于向个体工商户颁发组织机构代码证书有关问题的通知》，要求"根据自愿申请原则，对持有工商营业执照，有注册名称和字号，有固定经营场所，并需要开立银行账户的个体工商户进行赋码并颁发组织机构代码证书"。因此，根据这几年的发展，目前除了《民法通则》所规定的企业法人、

---

① 随着 1994 年《公司法》、1997 年《合伙企业法》和 1999 年《合同法》的颁布实施，联营制度目前已经名存实亡了（张冬青《完善我国法人分类的构想》，《世界标准化与质量管理》，2005 年第 12 期）。另外，根据"第一次全国经济普查主要数据公告（第一号）"，各类联营企业（包括国有联营企业、集体联营企业、国有与集体联营企业、其他联营企业）占企业法人的比例为 0.5%，已经微乎其微了。

机关法人、事业法人和社会团体法人之外，根据一些法律法规的规定，我国先后增加了民办非企业单位以及基金会、居民委员会、村委会、宗教活动场所、业主委员会、外国常驻新闻机构、代表机构和戒毒劳动教养管理机构八类其他组织机构类型，[①] 并对其分别赋码，从而实现了对我国目前几乎所有的社会组织对象进行分类管理的目标。

3. 政府部门应用代码信息及其横向索引功能开展行政管理与社会服务

就政府各部门的业务信息系统来看，其数据信息通常包含两个部分：一是基本信息，二是部门业务信息（见图4-1）。在这里，组织机构代码既是基本信息中的组织机构标识代码，也是表示基本信息内容本身的检索代码，在数据库中发挥着横向索引功能。代码的这种横向索引功能主要表现在三个方面：一是代码与其所标识的组织机构构成一种——对应的关系，代码与组织机构名称都是一个组织机构的两种不同的法定称谓。二是代码与标示其基本身份属性信息的表格之间

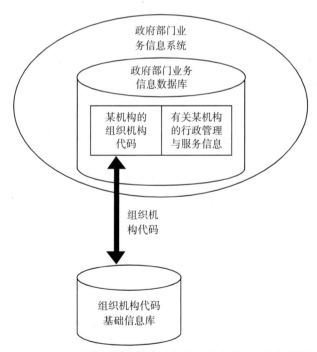

图4-1　组织机构代码基础信息库与部门业务信息库之间的关系

---

① 全国组织机构代码管理中心：《组织机构代码登记手册》，中国标准出版社2005年版。

建立起对应关系，通过代码，人们能够非常迅速且准确地从代码基础数据库中检索到企业身份属性的基本信息。三是代码与关于其自身状态的行业信息（扩展信息）建立起对应关系，通过代码，人们能够非常迅速且准确地从行业专题应用数据库中检索到企业的相关信息。所以，代码的这种横向检索功能与组织机构身份的唯一标识性相结合，能够极大地促进电子政务的行政业务协同与信息资源共享，理应成为国家电子政务建设的基石。

应用既是建立组织机构代码的初衷，也是其最终目的。从应用对象来看，组织机构代码的用户包括政府部门、企业和普通公众等各个层面。政府部门当然是其首选服务对象，其出发点是基于代码的索引功能，为工商、税务、海关、贸易、交通、质检、药监、环保、劳动人事、公用事业、公安、法院、银行、证券、保险等有关政府部门及其工作人员开展针对单个组织机构的单项或多项指标的微观监管和针对本部门业务的行业管理提供最为简便也最为有效的操作工具。值得注意的是，在信息时代，组织机构代码的这种索引功能的优越性正在变得越来越显著，对多部门的业务合作与资源共享发挥着日益重要的作用。例如，通过在不同业务系统中所应用的组织机构代码就可以对特定类型的市场主体如"假活动单位"进行监控。

一般法人单位一旦成立就会向注册系统登记，因为法人单位常常需要一个身份代码以进行各项业务活动。相较之下，许多机构停业或撤销时却不会登记，尽管法律要求它们必须登记。因此，一个机构虽然已经不再进行业务活动，但它在注册系统中仍然是活动的，这种机构被称为假活动单位（False Active Unit）。为检测这种假活动单位，可以采取以下方法：

第一，建立高风险群体。将 5 年内没有登记项目任何变动、超过 1 年未有业务活动的机构等分类为高风险群体。

第二，与工商、税务和劳动人事等部门合作，从税收或工资数据库中查找那些只在某个系统中有活动记录而在其他系统中没有记录的单位，对市场主体的业务进行全面管理，实现政府的市场监管职能。

第三，推断非活动机构。如果一个机构出现在若干个部门业务数据库中，那么这个机构就可以被认为是存在的；相反，如果发现某个机构在多个数据库中都不复出现，那么就认为这个机构没有进行业务活动。

当前，代码信息资源在各地方、各部门的电子政务应用以及部门之间的业务协同工作中发挥着非常重要的作用，已经列入十几个部门的业务管理信息系统中。同时，围绕代码信息资源开展的部门业务协作也已经被列入国家关于电子政务建设的指导意见之中，成为法人库建设的基本内容。

组织机构代码对于企业和社会公众的应用主要体现在基于组织机构代码所构建的社会信用体系上。社会信用体系适应市场经济和信用交易发展的内在要求，在信用信息公开化和相关服务专业化、社会化的基础上，将原先单个的市场主体之间的一次性或临时性博弈转变成单个市场主体与整个社会之间长期反复的博弈，从而对每个市场主体都能够形成一种有效的社会守信激励与失信惩戒机制。但是，要实现社会信用体系的这种功效，必须首先建立和完善有关的各类标准。社会信用标准主要包括三个方面[①]：社会征信平台建设的技术标准、信用服务标准、企业信用管理标准。以组织机构代码为主索引的、由企业和有关机构的注册信息所构成的基本信息，应该作为信用主体及其信用档案的标识标准，成为社会征信平台建设技术标准的重要组成部分，从而使组织机构代码成为社会信用信息收集、加工、流转的首要工具，并使单个市场主体真正地置身于无穷无尽的市场海洋中。

4. 以代码作为统计对象的各类属性的唯一链接工具，对全部或局部标识对象进行某项（组）统计属性的调查分析

代码实际上建立了被标识的机构对象与所处理的信息项目变量之间的关系标准，建立起个体与总量数据之间的统计关系。从理论上讲，代码所具有的这种统计作用表现在两个方面：一是基于代码注册项目进行的总量统计，如在代码数据库中的 48 个登记项目[②] 中，有许多是标识机构经济属性的项目，像经济行业、注册资金、职工人数等指标。二是行业应用部门和统计机构基于代码所开展的本部门或本行业的发展趋势或其特定的总量分析。实际上，随着代码注册信息项目类型的增加及其范围的扩大，代码的统计功能将越来越大，对提高国家经济、人口普查质量、缩短普查周期都具有基础性的作用。因此，代码可以被认为是国家

---

① 裴永刚等：《我国社会信用体系建设中的信用标准化问题》，《世界标准化与质量管理》，2005 年第 8 期。
② 见《组织机构代码系统工程》一书的"表 2-26 组织机构代码数据库的字段及其说明"。

实现宏观调节、市场监管、公共管理和社会服务的一项基础设施。

5. 促进全社会公共记录体系的建立和完善

公共记录是各级政府及行政执法、刑事司法等各政府部门在依法开展各自的监督、管理与服务过程中所形成的有关各类组织机构的行为及其结果的信息记录，如有关某些组织机构的法院诉讼记录、某些行政执法机构的行政处罚记录、生产许可证、计量制造许可证、营业执照登记、商标登记证等记录。目前，我国的国家权力机构、国家行政机构、人民法院和人民检察院分别依法在各自的权力范围内行使职权，这些机构在依法管理过程中都会产生各种公共记录，也都各自建有相应的业务信息系统，如海关行政部门有海关的信息系统，工商行政部门有工商的信息系统，税务行政部门有税务的信息系统。然而，这些机构虽然都在各自的职权范围内进行有关公共记录的信息披露、数据采集和处理，但是相互之间却没有统一的信息征集标准，各部门信息不能在一个规范的标准下进行有效的整合以完整地反映一个组织机构的公共记录。

具体来说，当前传统的公共记录管理制度正面临着以下严峻的挑战：一是计划经济时期建立起来的分部门、分层次管理的公共记录管理体制已经不适应市场经济发展的需要，其公共记录能力正在受到严重的腐蚀。二是社会主义市场经济的发展与法治国家的建设在公共记录内容和要求上已经发生了重大的转变，强烈要求建立新的公共记录体系。三是电子政务和社会信息化产生了海量的信息需求与海量的信息本身，对社会公共记录的技术手段、管理方式和社会应用都提出了新的要求。四是缺乏统一的公共记录管理机构与管理制度，国家难以全面、准确、及时、有效地掌握社情民意。

在这种情形下，以代码及代码基础信息资源库为基础，建立统一的、跨部门的社会公共记录体系以准确、及时、完整地记录各类组织机构的社会公共信息，使得国家权力机构、行政机构和公众一方面能够对于具体的某个组织机构的历史行为及其性质进行完整的、正确的评估，另一方面也能够从宏观发展角度对某类指标进行分析和判断，以评估政策实施效果、把握社会动态及发展趋势，为国家的经济社会决策提供科学合理的政策工具。

6. 全面、及时、实用等数据特性使代码库日益成为国家法人库建设的主体

从国内外发展情况来看，一个有关机构标识的数据库要成为国家基础信息

库，至少必须具备以下几个方面的特征：

一是全面性。也就是说，该数据库必须能够包含行政管理所必需的所有机构类型。目前，除了组织机构代码信息库外，还有工商部门建立的有关市场主体资格的"经济户口"，统计部门为开展普查、调查而建立的"基本单位名录库"，编制部门、民政部门在开展行政事业单位、民办非企业和社团的审批业务过程中所形成的相关机构信息库。此外，一些专业性较强的行业，如律师事务所、医疗行业等行业的主管机关（司法部门、卫生部门），也需要根据业务管理建立相应的机构管理信息库[①]。但是，其中的工商部门、编制部门以及民政部门的相关信息库都只包含自身业务相关的组织机构，在范围上存在明显的不足，而统计部门的"基本单位名录库"由于着眼于自身定期普查的需要，却不能满足各行政机构的业务需要。在这方面，组织机构代码信息库则包含所有法人类型以及部分非法人实体，具有跨部门应用与共享的显著优点。

二是及时性。代码管理工作中的年检制度以及与金融、税务等经济管理部门的业务应用合作，有效地保证了代码信息内容及时有效的更新。

三是实用性。代码信息库是目前国内应用最为广泛的信息资源库，为绝大多数国民经济和社会管理部门所采用。长期的多部门协同应用与互动有效地提高了代码信息库的数据质量，也使代码管理制度得以不断完善。

代码管理的信息化与管理制度改革也有效地提升了代码信息库的实用性。早在 2002 年，代码管理部门就根据信息网络应用的特点，及时调整组织管理体制，削减中间环节，提高代码数据质量，将原来的"三级赋码、四级管理"调整为"两级（国家级、省级）赋码、三级（国家级、省级、地级与县级）管理"的扁平化的代码组织工作结构，并根据这种管理体制，建设全国统一的信息网络体系。而国内其他各大组织机构信息库，大多数还没有实现全国联网，有些甚至还没有建立有效的信息化工作体系，难以适应信息化和电子政务发展的需要。另外，这些组织机构信息库主要还是根据属地化管理的要求，建立在较低的行政管理层级，其出发点是为加强本地区的本行业管理，因而难以实现全国共享。

上述三个特点是评判一个组织机构信息库作为基础信息库的重要标志。就国

---

① 叶水寒等：《对我国基本单位名录库系统建设的研究》，《统计研究》，2005 年第 1 期。

内现有的各类组织机构标识信息库来看，代码信息库具有最明显的优势。因此，2002 年国家信息化领导小组在《我国电子政务建设指导意见》中，明确要求建设以组织机构代码为统一标识的标准统一、信息完善、安全可靠的，整合工商、民政、编办等系统的互联互通的法人单位基础信息库。从近年来的建设实践来看，代码信息库已经成为各地、各业务部门信息化建设中法人库建设的主体，随着信息化建设的不断深入和相关制度的不断完善，代码信息库在国家法人库建设中的主体作用将更加凸显。

四、法人主数据架构

目前，我国将法人划分为企业法人、事业法人、机关法人、社会团体法人等九大类，每类法人都有自己的注册登记管理机关。从基本属性如民法角度来看，每类法人之间存在着相当大的差异，特别是企业法人和机关法人，是两类根本不同的组织机构。因此，在构建法人主数据模型时，必须充分地考虑到这些基础属性方面的差异。

从构建方法来看，有两种途径：一是构建一个能够包容各类法人属性的宽松的架构，二是为每类法人单独构建一个架构。不过，这两种途径其实是可以融为一体的，也就是说，我们可以将每类法人的基本属性信息置于表格的第二层次，而为各类法人设置一个统一的第一层次框架。第一层次属性主要包括以下三个方面的内容：

（1）基本信息。主要表示法人的当前状态，是人们认识和了解法人的最基本的信息项目。

（2）身份管理信息。主要反映法人发展的生命周期管理信息，以便让人们对法人的发展过程和动态变化有个直观的了解。

（3）管理服务信息。主要反映在其发展过程中，根据法律法规的规定，法人必须接受的、来自社会各界的监督、管理与服务的信息。

上述三方面的内容能够充分地考虑和兼顾到前面所提到的"法人主数据的构建原则"。例如，第二方面的信息就主要是让法人登记管理部门来负责建设和维护；而第三方面则包含各政府管理部门针对法人的业务内容，因而有利于促进各相关部门建设和维护的积极性。另外，将法人基础信息划分为上述三个方面，也能够适应法人基础信息的层次性，如对于一般的业务部门或行业如银行来说，可能只需要基本信息，而对征信机构来说，身份管理信息和管理服务信息则具有更大的价值。值得注意的是，上述三方面的划分，足以满足《关于开展企业基础信息共享工作的通知》（国信办〔2005〕10 号）有关企业基础信息共享工程的要求，并能够提供更加充分的信息。

下面根据上述设计思路，具体构建企业法人和社会团体法人的主数据模型（见表 4–2 和表 4–3）。其中，"基本信息""身份管理信息"综合了代码库和"企业基础信息共享"等有关法人的基础信息项目，而"管理服务信息"则参考前述的业务参考模型以及各相关的行政管理制度。

表 4–3　企业法人主数据模型

一级项目	二级项目	说明
法人基础信息	组织机构代码	
	法人名称	全称、简称
	经济行业	国民经济行业分类（GB/T4754–2002）
	经济类型	国统〔1998〕200 号
	登记管理机构	
	法定代表人	
	经营范围	
	单位地址	包括：电话、电子邮件、行政区划（代码）、单位网站
	注册资本金	货币类型（代码）
	股本结构信息	
	企业组织结构	
	关联企业	
	主要产品	
	法人相关章程	
	⋮	
身份管理信息	开业登记信息	
	变更信息	
	各相关年检验照信息	
	吊销营业执照信息	
	注销登记信息	
	⋮	

续表

一级项目	二级项目	说明
管理服务信息	工商管理信息	
	国税管理信息	
	地税管理信息	
	质量管理信息	
	奖惩信息	
	信用信息	
	司法信息	
	知识产权管理信息	
	银行（账户）信息	
	能力资质信息	
	统计信息	
	劳动用工信息	
	社会保障管理信息	
	┆	

表 4-4 社会团体法人主数据模型

一级项目	二级项目	说明
法人基础信息	组织机构代码	
	名称	
	经济行业	国民经济行业分类（GB/T4754-2002）
	法定代表人	
	注册资金、经费来源	
	单位地址	包括：电话、电子邮件、行政区划（代码）、单位网站等
	组织机构	
	分支、代表机构	
	业务主管单位	
	登记管理单位	
	法人相关章程	
	┆	

一级项目	二级项目	说明
身份管理信息	开业登记信息	
	变更信息	
	各相关年检验照信息	
	吊销营业执照信息	
	注销登记信息	
	⋮	
管理服务信息	工商管理信息	
	国税管理信息	
	地税管理信息	
	质量管理信息	
	奖惩信息	
	信用信息	
	司法信息	
	知识产权管理信息	
	银行（账户）信息	
	能力资质信息	
	统计信息	
	劳动用工信息	
	社会保障管理信息	
	⋮	

第二节　法人主数据管理

与企业的主数据管理相比，法人主数据管理更为复杂。具体表现在以下几个方面：

一、法人主数据管理所面临的复杂性

第一，法人主数据的建设涉及诸多行政管理部门。在我国，每类法人的注册登记都有相应的法律法规作为工作依据，而这些法律法规都明确了相应的政府管理部门其实施法人登记管理工作。因此，当前我国的法人注册登记管理工作实施分类管理制度：企业法人、联营法人由工商部门登记管理，而机关法人、事业法人由编制管理部门负责，社会团体、民办非企业单位等非营利机构由民政部门负责登记管理。从法律法规来看，只有这些部门所确立、确认的法人属性变化，才能具有法律效力。

法人登记管理的这种分割状况给法人主数据管理带来了较大的困难。每个部门都根据工作需要建立了自身的管理系统，并根据部门特点在其中加入了很多自身的业务内容。因此，如何从中抽取法人主数据、以哪个部门生成的数据作为统一的主数据域，成为法人库建设过程中各部门之间激烈博弈的首要问题。

第二，法人主数据的应用涉及众多的行政管理部门和行业。法人主数据几乎能够应用到经济社会发展的各个部门和行业。不仅是法人注册登记管理部门需要应用来自其他部门所登记管理的法人信息，而且其他不负责法人注册登记管理的政府部门也需要相应的法人主数据；不仅是政府部门需要法人主数据，而且各行业、企业，如银行、征信机构、电信运营商等也都需要这些法人主数据。因此，法人主数据实际上将面临千变万化的业务系统和业务流程。有些业务系统与业务流程由于涉及权力的划分而难以与其他部门共享，而有些行业和企业的业务过程由于涉及商业秘密而不会为其他人所知晓，因而也都给法人主数据的应用带来很大的阻挠。

第三，法律法规制度的缺乏给法人主数据的建设带来了很大的障碍。这方面的制度缺乏表现得非常明显。不仅主数据建设面临着缺乏法律法规的支撑问题，与其应用相关的知识产权保护、在特殊情况下的责任分担以及建设与运维的费用和收益分成等诸多问题都没有合适的法律法规加以明确。这些也束缚了法人主数据的建设、管理与应用问题。

第四，相关标准规范的缺乏给综合业务系统的建设带来了问题。从技术上来看，由于我国电子政务建设的相关标准未能跟上电子政务建设快速发展的步伐，很多部门在一些新的标准出台前就已经建立了自己的信息化系统，这些系统实际上处于一种异构的状态之中。这也将为法人主数据管理带来相当的困扰。

二、建立法人主数据管理系统的技术价值

第一，能够整合并存储所有政府部门的电子政务业务系统所必需的法人基础信息：一方面，从工商、质监、民政和编制部门的相关系统中抽取法人主数据信息，并完成法人信息的清洗和整合工作，建立全国的法人统一视图（当然也可根据分级管理原则建立省级、地市级和县级法人统一视图）；另一方面，法人主数据管理系统将形成的统一法人基础信息以广播的形式同步到其他各个系统，从而确保各政府部门业务系统所需的法人信息的一致性。

第二，为相关政府部门和行业的业务应用系统提供联机交易支持，提供法人信息的唯一访问入口，为所有应用系统提供及时和全面的法人信息；充分利用法人数据的潜在价值，为所有应用法人主数据的业务应用流程提供更多具有附加值的服务。

第三，体现 SOA 的体系结构。建立法人主数据之后，有关法人的主数据将从各个法人注册登记管理部门中释放出来，并且被处理成为一组可重用的服务，被各政府部门的业务应用系统所调用。

三、法人主数据管理的基本框架

由于上述因素的复杂性，法人主数据管理系统将比目前企业主数据管理复杂得多，它要求我们必须结合电子政务和法人库建设的基本要求去设计相对比较科学合理的建设和管理结构。

从法人主数据管理来看，其主数据的提取不是来自所有部门，而是来自法定部门，只有得到这些法定部门的程序认可才能具有法律效力。因此，与企业的主数据管理不同，法人主数据的建设和应用是两个不同的过程，必须有所区别。当然，非法人法定部门在自身的业务过程中也能发现法人在其业务运行过程中所出现的基础属性的变化问题，但是非法人法定部门不能自行确认或否认法人基础属性的这种变化，而必须将这种变化"汇报"给上述的法定部门，由其进行相应的法律处理。这种结构对主数据管理的信息流产生了重要的影响，使得其信息流与

企业主数据管理显著不同，如图 4-2 所示。

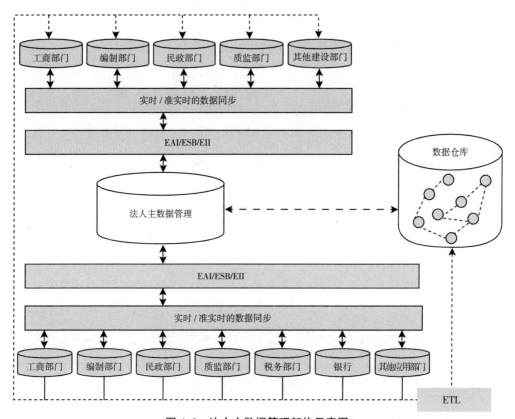

图 4-2 法人主数据管理架构示意图

在图 4-2 的法人主数据管理架构中，法人主数据管理居于核心位置，为数据仓库和各部门、行业的业务应用提供统一的法人基础信息服务。

从结构来看，法人主数据管理（MDM）的基本框架应该包含以下三个方面的功能，如图 4-3 所示：

第一，法人主数据的系统管理。应该能够管理以下内容：法人统一视图、法律法规和业务知识库、工作流和事件。通过管理这些服务，MDM 可以定义和维护数据层次和关系，以及与数据元素相关的属性。

第二，法人主数据整合。提供统一协同的基础设施，以管理主数据业务事务并确保相关应用部门和行业的法人数据都得到同步更新。此外，各种联合中间件还使 MDM 系统能够动态访问外部数据源寻找内容，如与 MDM 系统管理的实体

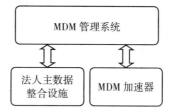

图 4-3 法人主数据管理的功能框架

相关的图像和文档。

第三，MDM 的快速定制。统一管理法人主数据各应用部门、行业和企业的数据模型、业务流程和工作流，以便能够快速定制 MDM 系统。通过其中的可重用整合模板，能够帮助业务部门在初始载入 MDM 知识库时，从各个业务来源快速移动和清理数据。

第三节 法人主数据与业务参考模型、服务构件参考模型、数据参考模型的统筹

直观地看，无论是 FEA 的业务参考模型还是数据参考模型，都没有包含有关主数据及主数据管理的内容。但是，前面分析信息工程方法论的主题数据聚类时，也曾谈到主数据及主数据管理与业务模型的关系，就是它是涉及业务全过程的，是全局性应用的数据库。然而，从法人库标准化建设来看，我们仍然必须从操作层面去解决如何将法人主数据融入电子政务建设的各个主要工作内容中的问题。下面分别从业务参考模型与数据参考模型两个方面去分析法人主数据及其管理的关系。

一、法人主数据管理与业务参考模型不是一个层次的概念

用术语来说，法人主数据与业务参考模型的颗粒度是不一致的。业务参考模型显然是静态模型，其颗粒度是非常粗的，是从最广泛的角度去规划一个复杂组织机构的全局性的工作内容。而主数据模型的主要应用则是各个部门及跨部门的

业务处理过程，其建设内容相对比较明确，颗粒度相对较细，更多的是操作层面的内容，因此主数据与部门业务流程的关系是非常密切的。

不过，从管理来看，我们不能仅仅将法人主数据管理看作微观层面的纯技术问题，而必须从国家宏观层面去理解和认识。这包括三个方面：第一，从建设来看，法人主数据管理涉及法人的所有注册登记部门和业务主管机关。第二，从应用来看，法人主数据涉及所有的政府业务处理部门以及银行、保险、征信、民生服务等诸多行业和企业。第三，从信息更新来看，法人主数据管理涉及各行各业，与其应用过程相配套。

总之，一方面，法人主数据管理直接服务于各行各业的业务处理过程；另一方面，法人主数据管理必须从国家宏观层面进行建设、管理和维护，统筹考虑各方面的关系，从国家电子政务顶层设计高度去规划建设。

二、法人主数据管理应该成为服务构件参考模型的重要内容

从前述有关服务构件参考模型来看，法人主数据在性质上与其存在着很多的相似之处，都满足数据稳定性的基本要求。特别是服务构件包含很多类型，其中就包含在性质上类似于主数据管理的客户关系管理和供应链管理。例如，客户关系管理包含客户账户管理、业务伙伴关系管理、客户分析、呼叫中心管理等。供应链管理包括产品目录管理等。实际上，美国的 FEA-SRM 之所以没有直接的法人主数据管理，是由于美国政府没有类似于我国一直在建设的法人信息管理制度，这套制度在美国是由私人公司如邓白氏公司去建立的。

从逻辑上来看，法人主数据管理能够在很大程度上简化服务构件参考模型。

三、法人主数据管理能够从多个方面完善数据参考模型

从数据描述来看，由于数据稳定性，法人主数据管理能够以某种元数据格式纳入其格式化、结构化的数字资源中。

从数据语境来看，"相关法人"完全可以而且应该作为某个实体的诸多分类计划之一，成为准确地表述某个实体的完整属性的一个重要方面。特别是对于涉及那些供求关系的实体来说，"相关法人"就可以包含供求双方的信息。

从数据共享来看，法人主数据管理的出发点就是实现和加强部门信息资源共

享，是在直接满足现实中的业务共享需求基础之上而建立起来的，是一种业已行之有效的信息资源共享的经验总结。从技术角度来看，主数据管理融入了 ETL 技术过程，为实现数据交换和共享提供了基础保障。实际上，FEA-DRM 的数据共享矩阵就包含了 ETL 的机制与内容。

因此，从数据参考模型的三个基本内容来看，主数据管理其实都已经具备，并且由于在企业信息管理如产品和客户管理中得到了广泛的应用，因而在国家基础数据库建设中具有非常可靠的应用前景。从这个角度上讲，主数据管理不仅为电子政务和信息资源的标准化指明了新的方向，也从解决方案层面为各级政府的基础数据建设提供了简单明了的工作指南。

第五章 法人主数据管理的协整与服务

从上面的分析，我们发现，主数据管理的理论、技术和方法将给法人库建设带来崭新的思维。为此，我们必须对上述各方面的内容进行总结和概括，从法人库协整和服务的角度去分析法人主数据的功能和作用。这些协整和服务主要包括以下两个方面的内容：一是法人主数据的整合，二是法人主数据作为数据参考模型的重要构成要素所发挥的整合作用。

第一节 法人主数据的整合

从法人库信息资源建设来看，主数据与各部门的业务资源管理密切相关，法人主数据能够从诸多方面给各相关政府部门与行业提供协整与服务。这些协整和服务可以从法人主数据模型的三个方面来分别认识。

一、"法人基础信息"的统筹

五类法人主数据中的"法人基础信息"包含来自各方面的信息，粗略来看，这些信息包括两个方面：一是来自其他基础信息库和相关的分类标准。二是工商、民政和编办等法人的注册登记管理部门之间的业务协同。

1. 对其他基础信息库和相关分类标准的"引用"

"法人基础信息"会"引用"其他基础信息库的信息，如用以表示法人代表的自然人信息、用以表示法人活动或办公地址的空间地理信息；同时还会"引用"一些相关的行业标准，如用以表示行业分类管理"经济行业"信息、用以表示所有制的"经济类型"等。由于这些信息与一个法人的基本属性联系在一起，通常不容易改变，因此常常与"法人基础信息"中的组织机构代码（以下简称"代码"）一起被用作对法人的完整或部分地描述的信息项目[①]。更为重要的是，这些信息往往是确定行政区划以及具体行政行为的重要依据，如与属地化有关的税收、相关年检以及统计等。所以，法人主数据可以通过这些信息为税务、海关和统计等部门提供法人识别服务。

从法人主数据与基础标识信息的关联来看，通常会遇到以代码为主还是以空间地理信息或是自然人信息为主的问题；也就是说，在业务应用过程中，各种（四大）基础信息库之间存在着相互利用的问题。例如，北京市信息化工作办公室就曾建立以空间地理信息为基础、叠加各种业务应用（政务信息图层[②]）的"政务信息图层共享服务系统"；而对于以自然人个人为服务对象的各类业务系统（如个人征信系统）来说，往往需要有关自然人的工作单位及其地址、个人住址等基础信息。因此，我们可以将主要的基础信息库称为主信息库，而将其他的基础信息库称为副信息库。所以，三大基础信息库之间存在着相互渗透应用的现象。不过，从应用广度来看，以基于代码的法人库为基础的政务应用系统占据各级政府电子政务建设的主导地位。在这些电子政务项目建设中，法人库是整合与其相关的自然人和空间地理位置等辅助属性标识的基础应用平台，因此法人库往往作为主信息库，而其他基础信息则来自作为副信息库的其他基础信息库的相关项目。

主信息库和副信息库在业务应用系统建设中所应用的详细程度存在着非常大的差异。主信息库的所有信息项目通常会全部出现，而副信息库所提供的信息项目通常都会较少。例如，法人库中有关"法定代表人"的信息，只需要姓名及其身份证号码等少量信息即可，无须自然人信息库中的完整内容项目[③]；而在社会

---

① 本书中的信息项目也可以称为"信息元素"或数据元素。

② 政务信息图层是指对与电子政务业务有密切联系、与地理空间分布有关的城市自然、社会和经济要素的地理实体信息，即有明确的空间定位的、多部门关注和查询频率较高的、而非某一专业部门关注的信息进行分类、加工和整理而形成的具有空间可视化和地理坐标的空间专题信息图层，如学校、医院、餐饮住宿、交通和风景名胜等空间分布图。

③ 从后文的分析可以得知，这些内容与后面的有关业务基础信息的论述类似，但是性质上存在一定的差异。

保障系统中，有关参保人的工作单位（法人机构）的信息，可能只有法人名称及其代码等描述性信息，而无须法人机构的经济行业或经济类型等信息项目。值得注意的是，副信息库信息项目的出现数量不仅与业务应用目的等因素密切相关，同时也与相关的法律法规（如知识产权保护、隐私保护或商业秘密保护等立法）和管理制度有关。

从上述分析可以看出，副信息库信息项目更多的是一些描述性的内容，并且根据业务要求，这些描述性内容的详略程度也存在着较大的差异。作为主数据库的法人库，与其他基础信息库一起向各业务应用系统提供实时共享的信息，是法人库建设的基本价值所在，而基于主数据的方式方法则是实现其价值的方向。

2. 与工商、民政和编办等法人注册登记管理部门之间的统筹

这包括两个方面的内容。一是有关标识主键的统一。由于历史原因，我国各类法人机构分属不同的政府部门管理，每个管理部门都给各自的法人机构单独赋码，并且在各自的业务应用中都只使用各自的标识编码，而已有的全国统一的组织机构代码标识却往往得不到使用，从而给当前的电子政务建设带来较大的问题。为此，原国信办曾就如何共享企业法人的基础信息问题进行过协调，共享内容如附表1所示，并且取得了一定的成绩、积累了一定的经验。但是，受制于认识方面的局限性，这项工作面临着相当的困难，机构改革之后更是处于停滞状态。从附表1可以看出，工商部门没有以代码为基础来标识企业法人，而是使用企业注册号。从信息编码的基本原则来看，四个部门的企业基础信息缺乏统一的标识主键，不能满足"三范式"[①]的要求。今后，在法人库建设的过程中，应该根据国家有关部门的要求以代码作为"法人基础信息"的统一标识。这在前面已经强调过了。二是有关法人基础属性项目的选择。不同的法人具有不同的基础属性，因此为准确标识一个法人必须选择那些最能反映其根本属性的信息项目。例如，企业法人所包含的基础信息项目与事业法人的基础信息项目就有着较大的不同。企业法人包含其他法人所不具备的"股本结构信息""经济类型""主要产

---

① 如果一个数据结构的全部非主键数据元素完全依赖于主键，而不是依赖于其他的数据元素，那么我们就说这个数据结构是三范式（3-NF）的。见高复先：《信息资源规划——信息化建设基础工程》，清华大学出版社2002年版。

品"等信息项目，而事业法人包含其他法人所不具备的"业务主管单位""经费来源"等信息项目。这些信息项目是法人自成立之初就由其登记批准过程所确认的，与各自的登记审批机构密切相关。因此，法人主数据管理与法人登记管理机构的协同工作密不可分。

值得注意的是，每个法人注册登记管理机构都具有很多各自的管理信息项目。将其中的哪些项目纳入主数据管理系统，是一个重要的问题。要明确这点，我们必须理解和认识与这个"法人基础属性项目"的选择相关的几个问题：一是用于表现法人基础属性的项目与体制密切相关，例如，目前的很多信息项目具有明显的计划经济色彩（如"经济类型"）。二是用于表现法人基础属性的项目应该得到有关法律、法规或文件的许可。三是这些信息项目应该具有较广泛的应用范围，以实现主数据管理的价值。也就是说，要挑选那些具有较大共性的属性信息，例如，"信用"是每类法人都具备的信息项目，无论是行政机关法人还是企业、事业单位法人等，都存在"信用"问题，因此"信用"状态信息应该作为各类法人的"基础属性项目"。在选择这些"法人基础属性项目"时，必须充分地与各相关部门进行协商，以寻求合理有效的基础信息项目体系。

二、"身份管理信息"有助于实现法人注册登记管理部门对法人生命周期的协调管理

"身份管理信息"相对比较明确，内容不是太复杂。但是，必须注意的是，"身份管理信息"仍然会带来一些管理上的问题，那就是对同一法人的重复、多头管理。例如，与企业法人身份年检管理相关的部门目前至少有三个：工商、质监和税务。这些年检虽然对各部门管理来说是必需的，但是对企业来说却徒增麻烦。因此，如何在现实中处理这个问题应该引起高度重视。

当然，从目前来看，在构建法人主数据管理系统时，为了促进多部门的工作协调，通过一定的技术手段统一管理各部门的法人"身份管理信息"仍然是必不可少的内容。

三、"管理服务信息"是法人主数据管理发挥国家电子政务综合协调作用的关键

前面我们已经分析过，我们在提出"四大基础数据库"时，对其如何发挥作用、基础数据库与各政府部门业务系统的关系等诸多重大问题一直没有明确的解决方案。但是，从实际建设过程来看，"基础数据库"的建设部门如果仅仅是采集、管理、维护"孤立"的数据库，仍然无法有效地发挥基础数据库的应有作用。这实际上就是"为建基础数据库而建基础数据库"，根本就没有考虑运行过程以及一些技术规律发展的要求。实际上，从企业信息系统建模以及 SOA 的技术特点和内在规律来看，主数据与企业业务流程有着密切关系，是从各部门的业务需求中抽取出来然后又返回部门业务流程的那些核心数据；因此，如果将基础数据库建设与各部门业务分割，将有悖于基础数据库建设的初衷。毫无疑问，如果从主数据管理的角度去认识法人库以及其他基础数据库的建设，那么这些问题将迎刃而解。

根据主数据管理，法人主数据的"管理服务信息"应该包含以下若干内容：

第一，所有部门和行业的业务清单。在这方面，前述的业务参考模型是其重要的参考内容，业务清单必须依据业务参考模型的分类来描述。当然，业务参考模型主要是政府的业务清单，没有包含那些行业服务的内容，如银行、公用行业等。不过，从法人主数据建设的阶段性来看，行政业务是法人主数据管理的优先领域，是其服务的重点。

业务清单要比业务参考模型详细、具体得多。业务参考模型本身是在屏蔽了部门业务分工的基础上从宏观层面构建的，但是业务清单却是有关各业务部门和行业的具体工作的详细描述，包括其职责、职权以及业务处理的各方面要求，特别是法律法规与政策要求。从行政管理体制改革来看，当前各地围绕政府信息公开而开展的一些创新工作可以看作这种业务清单的一个代表。例如，根据郑州市政府门户网站所公布的材料，郑州市民间组织管理办公室所具有的职权和执法责任包括：行政许可 2 项、行政处罚 17 项、行政强制 2 项以及其他具体行政行为

3 项①。职权和执法责任明确了办理依据、承办机构、承办岗位、执法责任、执法责任人等详细信息，如表 5-1 所示。显然，业务清单是业务参考模型的细化与执行。

表 5-1　封存被责令限期停止活动的社会团体的《社会团体法人登记证书》、印章和财务凭证

办理依据	①《社会团体登记管理条例》第三十六条第一款 ②《河南省〈社会团体登记管理条例〉实施办法》第二十四条第二款	
承办机构	执法科	
承办岗位名称	执法责任	执法责任人
承办岗	负责封存被责令限期停止活动的社会团体的《社会团体法人登记证书》、印章和财务凭证	张春雪
初审岗	负责对给予的行政处罚进行初审	魏益红
审核责任人	负责对给予的行政处罚进行审核	杨杭军
审批责任人	负责对给予的行政处罚审批	张亮

注：此表是《郑州市民间组织管理办公室执法职权分解及确定执法责任表》中的"行政强制"的一个工作内容。

　　第二，所有部门和行业的业务流程。业务参考模型和业务清单仍然比较概略。从业务实施来看，必须根据业务参考模型和业务清单进行具体分解，从各部门的工作内容出发，将其整个业务过程以一种标准化的表述统一起来，使之成为国家电子政务的工作基础。

　　一般而言，业务流程就是基于一系列条件的任务执行，这是各类业务流程的共性。但是，对不同法人的管理，其业务流程是各不相同的。而且，有些业务流程涉及几个部门，只有通过这些部门的协同配合，这些业务流程才能完成针对一个具体法人的某项具体的行政管理和服务。我们可以将每个部门的具体管理和服务称为一个"活动"，其中的某个"活动"必须以其他的一个或几个"活动"作为前置条件（如前置审批）。这样说来，所谓业务流程即围绕具体某个法人的诸多活动的串联、并联和混联。这样建立的诸多活动的串联或并联就是行政管理和服务的业务处理模型。每个业务流程都应该有一个业务处理模型。我们将这个业

----

　　① 具体参考：《郑州市民间组织管理办公室执法职权分解及确定执法责任表》，http://www.zhengzhou.gov.cn/html/1212421851579/1227255297169.html。

务处理模型称为元模型，可以用图 5-1 简单地表示其基本情形。

对于业务处理元模型，我们基于图 5-1 做进一步的分析：

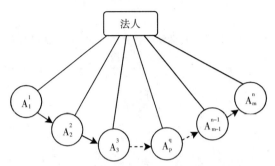

图 5-1　以法人为中心的业务处理模型

注：图中的 A 表示活动，p、q 分别表示业务处理部门、业务流程的活动节点序号，m、n 分别表示某个业务流程所涉及的最多的部门和节点数量。

（1）就一个部门处理的业务流程来说，p 为某个固定值。在特殊情况下，p 可能会出现在业务流程的不同位置，即两个活动（A）的 p 相同而 q 不同。

（2）q 值小的活动（A）是 q 值大的活动的前置条件。

（3）如果多个部门的活动同为某个后续活动的前置条件，那么活动 A 的 p 值不同但 q 值是相同的。例如，A_2^2、A_3^3 就表示部门 2、部门 3 的工作同为某个业务处理活动（活动 4）的前置条件。例如，图 5-2 中，有关部门的"环评编制与评审""水土保持方案""通航论证"等工作就是向建设部门"项目报建"程序的前置条件。

（4）活动 A 实际上也是某个具体行政部门的业务活动向量。业务活动向量表示某个政府业务部门开展针对法人的行政管理和服务所需要的一系列日常本职工作的具体过程与政策要求，其结构类似于表 5-1。一般来说，无论是各类行政审批事项还是通常的办事项目，其业务活动向量都可以通过归并整合而调整为以下若干项目：办事名称、办事依据、服务对象、承办机构、提交材料、办理程序、办结时间、收费标准。其中的"办理程序"因不同的业务部门而存在一些差异，例如，有些项目也许只在一个窗口、现场办结；而有些项目在受理之后，还需要经过初审、审核、审批等具体过程。

（5）在"以法人为中心的业务处理模型"中，法人居于整个业务流程的中

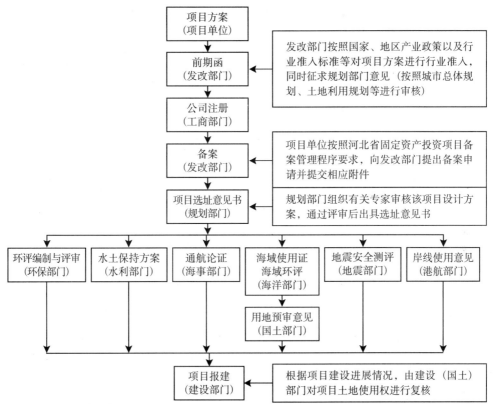

图 5-2　曹妃甸工业区发展改革局窗口服务告知单：项目备案流程

注：本材料是笔者去曹妃甸调研时，曹妃甸工业区有关部门提供给笔者的工作材料。

心，体现了一种以客户（法人）为中心的理念。这表明，今后政府部门应该树立以企业（法人）为中心的思想。

元模型应该是一个法人主数据管理的必不可少的标准。然而，元模型的建立是一项复杂、浩大的工程，必须得到各相关业务部门的共识，并在各方的协作下共同完成。在这方面，《电子政务业务流程设计方法通用规范》（GB/T 19487-2004）提供了电子政务业务流程设计的技术表示方法。不过，对于具体到各类业务处理过程的模型，仅有这些基本表示方法仍然是不够的，必须根据各部门的业务事项及其办理流程来精心构建。这是法人主数据管理所必须完成的基本内容。

为此，在得到国家信息化领导小组层面的协调和有关部门的大力支持后，法人库发起和建设单位应该提出电子政务业务流程模型库建设的倡议，组建协调小组，将那些需要得到法人主数据管理服务的部门联合起来，统一编制全国电子政务业务流程数据库，并建立元业务流程管理、更新与维护机制，使得法人主数据管理真正成为国家的一项基础设施。

总之，"管理服务信息"的协整服务主要表现在三个方面：一是建立所有部门和行业的业务清单。二是建立电子政务业务活动向量以及元模型，以规范各部门的业务处理过程。三是统一编制全国电子政务业务流程数据库。

第二节　法人主数据作为数据参考模型构成要素的整合作用

从国家电子政务建设全局来看，构建数据参考模型是必不可少的。这不仅是来自各国电子政务建设的实践经验（如前述的 FEA-DRM），也是实现信息资源共享和业务协同的需要。国家电子政务数据参考模型是更高层面的业务与数据模型，是对各类政府业务应用所进行的高度概况和抽象，是一项全局性的工作，非常繁杂，应该由国家有关部门出面统一编制。但是，我们在前面所介绍的以法人为中心的业务处理模型以及主数据管理模型都只是国家电子政务数据参考模型的一个分支或具体的一项业务应用模型，是国家电子政务数据参考模型的一个"实例"。然而，由于这个实例不仅涉及面广，而且深入到各业务的具体操作，因而具有特殊的意义。因此，我国也有必要在建立自己的业务参考模型的基础上，着力构建我们自己的电子政务数据参考模型，以克服当前我国电子政务建设缺乏总体规划和统一标准、规范的不足。

根据 FEA-DRM 的分析，数据参考模型有赖于一系列的标准规范。其实，这些标准和规范也是我们建立电子政务数据参考模型所应该借鉴的。目前，我国有关部门也已经建立了不少有关电子政务建设的标准，但是这些标准相对比较凌乱，一些标准的质量还有待提高。究其原因，在于我们没有就整个政府业务和数据建立一套分析模型，有关的工作也就不成体系，标准之间也就缺乏紧密的关系。因此，今后有必要在建立电子政务业务参考模型、数据参考模型、技术参考模型的基础上重构电子政务标准体系。

　　法人主数据与数据参考模型既有区别又密切相关。数据参考模型是从全局角度和抽象层面去描述数据的一般构成模型，为人们理解业务数据提供一个基本的思路，因而可以看作数据的概念模型。而法人主数据管理则是业务处理的一种具体实现技术甚至是解决方案，因而可以看作数据的逻辑模型。虽然如此，但主数据管理模型却是完善数据参考模型的一个重要工具，是说明和解释数据模型的基本理念和思路的一个简单明了的手段。毫无疑问，法人主数据管理模型应该成为电子政务数据参考模型的重要内容。

　　前面已经提到，FEA-DRM 中没有明确主数据管理的概念，更没有对其进行具体的关系。不过，我们仍然可以将主数据管理的思想融入 FEA-DRM 中，并将其与我国电子政务数据参考模型的构建工作相结合。

　　我们可以通过以下三个方面实现主数据管理与 FEA-DRM 的融合：

　　第一，法人主数据也是数据描述标准的一个方面。由于法人主数据涉及诸多法人类型，因而变化多样，所以属于政府的非结构化数据。主数据本身可以看作一种描述法人实体核心属性的元数据，是数据描述标准区中"数据资产"（Data Asset）的一部分。

　　第二，主数据是丰富数据语境的一项基本内容。在图 2-5 中，"组织语境"完全可以与法人主数据管理联系起来，其中的"组织"即为"法人机构"。因此，法人主数据可以非常容易地嵌入数据语境标准区。从实际技术运用来看，这其实也是主数据管理的一个途径。

　　第三，主数据管理可以通过与 FEA-DRM "数据供求矩阵"的有效结合而成为数据参考模型的重要组成部分。主数据管理属于"数据供求矩阵"中"文档数据库"的内容，同时其本身也具备其他数据库（如授权系统数据库、分析数据库）的各种功能。

　　从上述三个方面的分析，我们发现，主数据管理其实也是一类特定的数据参考模型，从而也为法人库的协整和服务提供了重要的依据。

第三节　法人库的决策支持服务

法人库虽然不涉及政府业务部门的行业管理，不能对具体行政管理决策提供直接的依据。不过，法人库本身是一个巨大的信息资源库，通过合适的数据挖掘和分析，人们能够从中发现很多有关经济社会领域的规律性的内容和知识，为国家有关部门和社会各界提供决策参考。法人主数据管理系统也具备了相应的分析工具，能够非常方便直观地展示相应的绩效指标。

具体来看，我们可以将这些决策参考分为宏观决策、行业决策和微观决策三类。

一、宏观决策服务

所谓法人库的宏观决策是指通过全面地统计和分析法人库法定基础信息中有关描述型和统计型元数据项目的海量数据，我们可以获取有关法人（类型、区域）结构分布、企业所有制结构、经济行业特征等诸多与国家宏观管理与决策相关的重要信息。这些信息从不同方面反映了当前国家的实际情况，是决策部门全面认识和了解全国及区域性经济社会发展情况的重要依据，具有重要的价值。这里以代码库为例，列举一些具体的信息价值：

第一，法人结构（法人类型、区域分布）变化与发展趋势分析。通过对代码库中"机构类型"（代码）的数据分析，我们就能了解不同年份的企业法人、机关法人、事业单位法人、社会团体、民办非企业单位等的总量及其结构（比例）变化情况，而这些变化能够从另一个侧面反映一定历史条件下相关政策的作用效果。同样，我们也可以通过"行政区划"（代码）来分析各类法人的区域分布情况。另外，如果我们交叉分析"机构类型"（代码）和"行政区划"（代码）数据，那么我们就可以得出更加丰富的信息和结果。

第二，分析企业所有制结构的变化。通过"经济类型"（代码），我们能够了解不同历史条件下，各类企业所有制的变化情况，认识从计划经济向市场经济转轨过程中企业法人的具体发展规律，特别是国有企业在国民经济发展中的变化轨迹。

第三，分析经济行业发展特征，把握产业结构变化规律。通过"经济行业"（代码）的数据分析，我们就能够了解各行各业的法人分布情况，并通过行业法人的历史变化，看清我国这些年来产业结构调整的规律，例如，服务业发展情况以及服务业与制造业之间的关系等。根据《国民经济行业分类》（GB/T4754–2002），代码库中的"经济行业"（代码）数据能够反映极为丰富的历史信息，具有非常具体的决策价值。

上面仅仅是一些具体的例子。实际上，法人库和代码库本身具有无比强大的宏观决策价值，我们必须高度重视发掘和利用这种价值。为此法人库有必要成立专门的工作组开展这方面的研究与分析工作，不仅要分析单项信息项目的历史信息价值，也要分析多项信息项目的复合价值，交叉分析两项或多项相关指标间的关系；不仅要分析历史数据，也要根据国家和部门的需要，及时发布相关的统计分析材料，为宏观决策提供参考；不仅要获取数据分析结果，还要制定统计分析方法和规范，并建立相应的法人库宏观决策分析模型和信息系统。

实际上，法人库的决策功能除了数据库本身的数据分析价值外，还包括对法人库协整服务过程的分析价值。特别是如果能够建立前述的"业务元流程"信息管理系统，那么就能通过信息工程方法论，综合分析所有单独政府部门的业务流程，发现优化"业务元流程"的具体途径，提高政府行政管理水平和效益。

二、行业决策服务

法人库的行业决策是指为满足某个或某些行业管理部门的决策需要，通过具体分析法人库的某个或几个信息项目来获取相关的决策参考信息。行业决策与宏观决策有时并没有绝对的划分，纯粹是根据分析范畴的广泛性、专业性和复杂性来决定的。因此，其具体操作与上述的宏观决策类似，这里不单独论述。

三、微观决策服务

法人库的微观决策更多的应该是指满足社会化服务对象的决策需求，这也是信息资源开发利用的重点领域和方向。法人库和代码库也同样包含很多对企业来说非常有价值的决策信息，例如，代码库中的"经济行业"（代码）和"主要产品"信息项目的统计信息，对企业的可行性研究和竞争对手分析都是非常重要的。但是，社会化服务会产生很多与之相关的问题，如商业秘密、个人隐私及其可能引发的法律法规问题等。为此，法人库除了应该采取像前面的宏观决策、行业决策服务那样的管理措施外，必须具体地制定与社会化决策服务相应的管理规范。

管理规范应该包括一些基本内容：能够公开的信息项目、商业秘密保护和隐私免责内容、基于非税收入管理制度的法人库信息服务数量与收费制度、二次商业开发的限制性政策、基于政府采购和招投标制度的网络服务模式选择等。

第六章　政务信息资源

随着信息技术得到越来越广泛的应用，信息化建设的质量与速度已经关系到一个国家的政治、经济、文化、科技和安全的全局，越来越多的国家将信息化建设放在了国民经济建设的至关重要的位置，作为实现国民经济腾飞的契机。在我国，党中央和国务院已经把大力推进社会信息化建设提到了关系社会主义现代化建设全局的战略高度，提出了"以信息化带动工业化、以工业化促进信息化"的国家战略。专门成立了"国家信息化领导小组"，统一领导我国的信息化建设。国家信息化领导小组第二次会议上强调："政府先行，带动国民经济和社会信息化。"也就是将推行电子政务作为信息化的切入点。可见，推行电子政务是国家信息化工作的重点，是我国各级政府深化行政管理体制改革的重要措施，是支持各级党委、人大、政府、政协、法院、检察院履行职能的有效手段。

国家信息化领导小组针对我国信息化建设工作中存在的一些问题，例如，网络建设各自为政、重复建设，结构不合理；业务系统水平低，应用和服务领域窄；信息资源开发利用滞后，互联互通不畅，共享程度低；标准不统一，安全存在隐患，法制建设薄弱等，采取了一系列措施，制定了"十五"期间电子政务建设的主要任务，其中重点之一是规划和开发重要政务信息资源，要建设四个国家级的基础信息资源数据库，即法人单位基础信息库、人口基础信息数据库、自然资源和空间地理基础信息数据库以及宏观经济数据库。

电子政务建设的主要任务之一是信息资源建设，在资源利用机构中具有不可替代的地位。而法人单位基础信息库（又称"法人库"）是电子政务建设中确定的四大基础数据库之一，主要是整合法人单位的基础信息，促进法人信息资源共享。法人和自然人构成了社会活动的全部主体，一切社会行为均是由这两个主体发起和完成的。因此，为这两个主体建立国家级的战略性信息数据库，具有尤为重要的意义。

随着社会发展的繁荣与多元化，政府部门的管理工作水平面临着更高的要求，政府的职能将渐渐完成从计划到协调、从管理到服务的深刻转变，这将在客观上要求政府部门强化中央与地方政府之间、地方政府上下级之间，以及同级政府各部门之间的协同，改变原有的条块分割、相对孤立的管理体制。把法人库建设工作进一步引向深入政务管理，促进政务管理的需求和发展，推进依法行政，提高政府行政能力和工作效能，整治和优化经济发展环境，更好地适应服务管理型政府需要。

第一节　政务管理

一、政务管理的概念

1985 年，美国联邦政府管理与预算局发布了 A−130 号通报《联邦信息资源管理》，首次从政府的角度定义信息资源管理为"与政府信息相关的规划、预算、组织、指挥、培训和控制"，并将信息资源的范围扩展到信息本身以及与信息相关的人员、设备、资金技术等方面。它要求所有政府部门都要委任一名部长助理担任本部门的信息总监，负责本部门的信息管理工作。从此，开始了各国政府信息资源管理的研究与实践，这也是早期的政务管理的雏形。

20 世纪 80 年代末期，我国中央和地方党政机关开展办公自动化（OA）工程，为电子政务的实现奠定了技术基础。1993 年底，中国正式启动了国民经济信息化的起步工程——"三金工程"，这种以政府信息化为特征的系统工程，描绘出了我国电子政务的雏形。1999 年 1 月，40 多个部委联合发起了"政府上网工程"，正式标志着我国电子政务的开端。2003 年 8 月，党中央、国务院做出加速我国信息化建设的重大战略决策。国家信息化领导小组决定把电子政务建设作为今后一个时期我国信息化工作的重点，政府先行，带动国民经济和社会发展信息化。在党中央、国务院联合下发的有关文件中，明确了"十五"期间电子政务建设的指导思想、主要目标、建设任务和保障措施。强调要在"十五"期间，初步形成电子政务体系框架，为下一个五年计划期的电子政务发展奠定坚实的基础。国家成立了由国家信息化领导小组、电子政务建设协调小组、国务院信息化工作办公室三重领导体制，分别负责决策部署、研究协调、规划指导，力度之大是前所未有的。

随着当前我国政府职能由管理型向管理服务型的转变以及电子政务的建设和发展，使得政府机构所拥有、生产、使用与传送信息的方式发生了深刻的变化，它具有信息需求量大、涉及部门多、覆盖面广、信息格式差异大等特点，使政务管理成为一个十分复杂的关键课题。

政务管理的外延范围很广，人们从不同范围、不同角度、不同层次去认识，对政务管理的本质内涵往往会得出不同的看法。政务管理因为信息载体、信息内容的不同，形成政务管理的内容性质、管理手段方式和管理层次不同，在社会发展中演变出不同的管理阶段。不论政务管理的外延范围如何，实质都是对电子政务信息活动的各环节所有信息要素实施决策、计划、组织、协调、控制，从而有效地满足电子政务适用信息需要的过程。也就是说，政务管理的实质是对信息资源生产、信息资源建设与配置、信息整序开发、传递服务、吸收利用的活动全过程各种信息要素（包括信息、人员、资金、技术设备、机构、环境等）的计划、组织、指挥、协调、控制，从而有效地满足电子政务适用信息需要的过程。

近几年来，我国政务管理已有较为明确的职能定位，各部门围绕其服务、协调、管理、监督的职能开展了多项工作，为国内营造良好的政务环境做了大量工作，发挥了良好的作用。但在政务管理中仍有需要不断完善的地方，依然存在着财政漏洞。把政务建设的推进战略放在政府改革战略的大格局中思考，首先要确立一种战略思维，即在推动政府信息化的过程中，必须考虑未来政府管理的基本架构和发展趋势，不能只看到现在政府机构的设置，强调部门的信息化，而应该重视领域的信息化。否则将可能陷入信息化决策的结构性风险之中。

按照这样的思路，在政府信息化的推进策略方面，要突出政务管理推动，而不是技术推动。要看到决定电子政务系统成败的关键，首先是政务的整合和集成，进而是应用系统的整合和集成，而不简单的是用什么技术来实现，换句话说，只有在政务的有效整合与集成的基础上，先进技术才能真正派上用场。

因此，政务管理在我国发展的状况、发展阶段与国外（尤其是发达国家）不一样，正是由于所处的实践阶段和认识阶段的局限，造成人们对政务管理认识、对政务管理的外延范围和本质内涵认识的不一致。

二、国内外政务管理的现状

政务管理是对电子政务的管理，电子政务是现代政府管理观念和信息技术相融合的产物。面对全球范围内的国际竞争和知识经济的挑战，许多国家政府把政务管理作为优先发展战略。在政务管理中，法人管理尤为重要，法人是社会经济活动非常重要的组成部分，对发展经济、构建和谐社会等起着重要的作用。有效地管理法人信息，能很好地规避一些恶意的欺瞒行为，为安全健康的社会秩序提供保障。现阶段，北欧国家、澳大利亚在电子政务建设方面是全球公认的领跑者和创新者，其信息社会发展政策和措施在北欧乃至世界具有绝对的影响。以下主要介绍这些国家政务管理的基本情况。

挪威国家法律规定，挪威注册局与国家社会保障局、税务局、基金管理委员会及统计局联合建立了法人综合注册处，为五部委管理提供了一个信息共享平台，减轻了社会注册单位重复递交信息的负担。法律规定，所有需到上述五部委注册的实体必须先到法人综合注册处进行登记并取得组织机构号码（Organization Number）才能完成后续注册手续。因此，法人综合注册处的注册对象涵盖挪威所有类型的社会实体，包括政府机构、企业、社团组织等。法人综合注册处采集的数据项包括实体名称、地址、类型、成立日期、负责人等基本情况。它已成为挪威电子政务系统的重要基础，不仅提高了工作效率，避免了信息的重复采集，而且起到了降低经济犯罪率的作用。

澳大利亚事务注册中心的主要职能是给每一个注册实体都赋予一个唯一的"澳大利亚事务号"（Australian Business Number，ABN），并通过该号标识体系，加强政府部门间的信息共享，为社会和政府之间构建统一的接洽平台。事务注册中心登记的主要对象包括法人团体、单一法人、合伙关系、其他未组成团体的组织、信托财产、养老金基金。注册中心登记了约 400 万条信息，包括所有法人单位和个体单位，这些信息不仅满足了澳大利亚税务局的业务需求，也是各政府机构共同监管社会组织机构、进行信息传递以及各社会实体开展经济活动的基础。

这些国家政府为推进信息化进程，实现可持续发展，建设无处不在的信息社会的努力做出了许多有益的探索和尝试，取得了令人瞩目的成就，其主要政策特点是：

1. 深化行政管理体制是加快推进电子政务的前提保障

长期以来，我国受各种因素制约，信息化管理体制尚不完善，行政监管体制改革有待深化。为了有效推进电子政务建设，应该在行政管理体制改革中，经过科学论证，把政府管不了和管不好的事项委托或转移出去，有的可以交给行业协会等中介机构，有的则可以放给市场，把该由政府管理的事项切实管好，从制度上更好地发挥市场在资源配置中的基础性作用。

2. 实施法制政策是加快推进电子政务的决定因素

2006 年颁布的《2006~2020 年国家信息化发展战略》目标清晰、重点突出、计划周密、措施全面，是我国信息化建设的纲领性文件。正确的战略目标确立以后，执行力度和实施制度就是决定的因素。市场经济是法制经济，政府管理必须依法行政，国家应该加快推进电子政务相关的法制建设，制定和完善电子政务涉及各个领域的法律法规，创造良好的法制环境。坚持立法要把最大限度地满足广大人民群众的根本利益作为出发点和落脚点。

3. 提升创新能力是加快推进电子政务的重要手段

北欧等国的成功经验表明，应用信息技术改进提升传统政务管理实质就是走新型政务管理道路。信息技术以其高度的创新性、渗透性、倍增性和带动性，在经济结构调整和传统产业改造中起着不可替代的作用。电子政务建设的核心是信息技术应用，信息技术应用必须依靠自主创新的技术，才能掌控国际竞争的战略制高点。应把信息技术应用作为推动可持续发展的重要手段，要创新管理方法，坚持法律、经济、技术手段与必要的行政手段相结合，着力解决好工业化和信息化发展中的突出矛盾和问题，推动科学发展，促进社会和谐，更好地维护人民群众的根本利益。

4. 促进行业协会参与加快电子政务的有效补充

行业协会虽然没有直接参与管理，但它面向市场所提供的服务是对政府作用的有效补充。国外的 IT 协会成员企业来自整个产业链体系，没有制造、运营和服务的细分,这些企业中不乏外资企业,它们不受政府资助和赋予的职能,完全市场化运作,而政府通过《行为准则》规范了市场公平竞争的行为,为这些企业公平竞争营造了良好的环境。而我国 IT 产业协会在这些方面却存在着明显的不足。我们应该认识到,IT 协会是真正沟通企业和政府的桥梁纽带,是产业链体系交流互动的节点,是促进企业间国际合作的平台,是推进信息化进程中不可或缺的重要补充。我们的行业协会的构成和职能还需要逐步改造、完善,真正与政府、企业共同形成面向市场、推动两化融合的有效机制。

因此,需要借鉴、吸收国外法人信息管理的有用思想、思路,建立具有中国特色的法人库体系框架。

从目前的情况看,我国政府各部门在电子政务建设和应用中存在"重概念轻实效,重电子轻政务,重新建轻整合"的现象。各部门公共信息资源的整合利用受到体制因素的限制,难以发挥出办公自动化系统的最佳效率,制约了政府公共服务水平的提高。随着电子政务应用范围的扩大,所需要的政务数据库不断增加、所产生的政务信息资源日益增多,而法人单位基础信息作为国家电子政务建设不可或缺的基础信息资源,在各项经济活动和行政管理中被越来越多的部门和领域应用,已经成为国家整个经济和社会发展实现现代化管理的重要信息源之一,是统一和衔接各有关部门对法人单位的认定标准,是实现政府部门之间信息交换的重要桥梁。法人是社会经济活动非常重要的组成部分,对发展经济、构建和谐社会等起着重要的作用。《中华人民共和国民法通则》规定,法人是具有民事权利能力和民事行为能力,依法独立享有民事权利和承担民事义务的组织。我国法人包括以下几种类型:国家机关、事业单位、企业、社会团体、其他依法成立的法人组织。其主管部门主要是中央编办、民政部、国家工商总局,分别管理国家机关及事业单位法人、民间组织法人、企业法人。

准确、一致、及时、动态的法人基础信息是转变政府职能,加强法人监管与市场服务的基础。但由于一些历史的原因及现行体制下部门管理的特殊性和相对独立性,在政务管理中法人信息还存在着各种各样的问题,不利于政府对法人的联合监管提供服务。

(1)由于在现行体制下,各类法人多部门注册,分属不同部门管理,而且各部门间没有法人信息共享平台,因此法人信息的部门化、属地化问题使得法人基础信息无法集中，造成资源的浪费，监管手段的缺失，不仅使政府由多部门"管理型"向"管理服务型"转变的过程遇到阻隔，而且已经阻碍社会主义市场经济的发展与和谐社会的建设。

（2）在法人基础信息制定方面，缺乏统一的标准规范，难以形成高效的信息共享机制。各法人主管部门目前的法人登记等应用软件中相同信息的定义、规则、编码方式和代码都各不相同，为法人基础信息的交流和共享带来了障碍。

（3）由于分块管理，各部门在法人信息采集的过程中，难免要重复录入部分信息，必然产生了大量的冗余信息，造成不必要的资源浪费。

（4）由于缺乏有效的信息共享机制和信息更新机制，各主管部门数据库中的法人信息只有自己管理范围内的数据是动态更新的，法人信息不能及时更新，缺乏一致性、准确性和权威性。

（5）目前只有部分主管部门的业务数据系统，而没有一个全面、准确、一致、权威、共享、动态更新的全国法人单位基础信息库。

（6）各部门的应用系统都集中在本部门的业务应用方面，没有考虑与其他部门的互动协作及为其他部门和社会提供法人信息服务。

（7）在法人信息的利用方面，没有充分利用法人基础信息来统一记录法人在社会经济生活中的社会行为，存在一定的监管漏洞，也没有对各部门的法人信息进行提炼、整理，形成有深层价值的决策支撑服务信息，也无法准确为社会公众提供真实、权威、全面的法人信息。

（8）各部门的法人信息没有实现政务公开，无法对法人社会行为的真实性进行统一核对和监管，这就形成了法人社会监管方面的漏洞，为一些法人提供了进行不法活动的机会，造成了我国市场经济信用危机，为我国的社会秩序、国家安全带来了一定的不安全因素。

由于政府各部门间不能获取到全面、准确、一致、权威、动态的法人基础信息服务，因此给政务管理带来一定的制约，各部门对法人监管方面必然存在漏洞，不能最大限度地防止偷漏税和金融诈骗等违法行为的发生；同时政府也不能为社会公众提供权威的法人基础信息服务，社会公众无法对法人的信用进行识别及验证，这些都不利于构建和谐社会。

因此，通过建设法人库来整合统一不同部门的法人单位基础信息，并实现信息资源共享和法人单位基础信息的动态更新，能有效解决我国目前存在的"信息孤岛"问题。法人基础信息为政务管理打开了一个管理和应用法人基础信息服务的新局面，使各行业法人主体的基本情况进一步透明化，有利于从宏观上对国民经济进行调节，也有利于社会的安定，从而保障政府职能转变的顺利进行。

第二节　政务管理信息化与政务信息资源

电子政务是经济与社会信息化的先决条件，是现代政府管理观念和信息技术相融合的产物。一个国家的信息化需要来自多方面力量的推进，其中，政府作为国家组成及信息流的"中心节点"，在社会信息化的进程中起着责无旁贷而又无可替代的作用。

电子政务国内外存在着多种多样的说法，如电子政府、数字政府、网络政府、政府信息化等。这些提法都只是从某个角度说明了电子政务的概念与特征。严格来说，电子政务就是政府机构应用现代信息和通信技术，将管理和服务通过网络技术进行集成，在互联网上实现政府组织结构和工作流程的优化重组，超越时间、空间与部门分隔的限制，全方位地向社会提供优质、规范、透明、符合国际水准的管理和服务。这个定义包含三个方面的信息：第一，电子政务必须借助于电子信息和数字网络技术，离不开信息基础设施和相关软件技术的发展。第二，电子政务处理的是与政权有关的公开事务，除了包括政府机关的行政事务以外，还包括立法、司法部门以及其他一些公共组织的管理事务。第三，电子政务并不是简单地将传统的政府管理事务原封不动地搬到互联网上，而是要对其进行组织结构的重组和业务流程的再造，电子政府不是现实政府的一一对应。

国家电子政务建设的核心任务是开发和利用信息资源。信息资源是一个国家和社会的重要财富，可以说，电子政务信息资源建设应用的水平，直接关系到政府行政和服务能力的提高，关系到企业竞争力的提高，甚至关系到公民素质的提高。电子政务信息资源建设状况，对于我国的经济增长、社会进步、科技水平提高、综合国力的增强乃至国家安全，都有着重要意义。

　　信息资源从其不同的产生背景和范围，可分为狭义信息资源和广义信息资源。其中，对信息资源的狭义理解，认为信息资源是人类活动中经过加工处理的有序化的并大量积累起来的有用信息的集合；另一种说法则认为信息资源是国民经济和社会发展过程中人们在各个领域、各个层次产生和使用的信息的总和。狭义信息资源涵盖了传统沿用的文献、情报、知识、数据等概念。而对信息资源的广义理解，如同其他资源一样，信息资源必须经过开发和利用过程才能实现其价值，集合了对信息的开发、利用等管理职能的这部分资源称为广义信息资源。它往往包括采集、加工、处理以及数据库或信息应用系统的建设等。从经济学意义上讲，广义信息资源是社会的公共资产，属于公共产品和服务的一部分。广义信息资源在一个国家政治、经济、科技、军事、文化领域中具有重要的战略意义，是政务部门、企业单位、公众个人社会经济活动以及信息内容产业发展不可或缺、普遍需要的重要资源。信息资源开发利用是国家管理和科学决策的基础，是改善政务部门公共服务的重要条件，是各部门信息能力的集中体现。

　　我国的信息化建设从 20 世纪 80 年代开始至今已有 30 多年的历史。据统计资料显示，这 30 多年来，我国在信息化建设方面的投资不低于 3 万亿元。这样庞大的投入使得我们有一个非常厚重的信息资源基础。一方面，从物理资源来看，全世界还没有一个像我国这样庞大的骨干网和许多世界第一，如移动用户世界第一、有线电视用户世界第一、上网用户世界第一；另一方面，从信息资源来看，多年来在大量应用系统的数据库中存储着大量数据和信息。因此，如何对信息资源进行科学有效的管理已成为中国信息化建设过程中的一个具有战略意义的重大课题。

　　电子政务发展到现阶段，需要突出解决的一个重要任务就是政务信息资源整合、开发和共享。近年来，国家出台了《国家信息化领导小组关于我国电子政务建设的指导意见》《关于加强信息资源开发利用工作的若干意见》等文件都提出了要加强政务信息资源开发、利用与共享，《2006~2020 年国家信息化发展战略》把政务信息资源的整合列为电子政务建设的首要战略行动，《国家电子政务整体框架》将政务信息资源共享目录体系、交换体系列为电子政务四大基础设施中的两大基础设施。

　　政务信息资源通常是指政务部门为履行职能而采集、储存、加工的信息资源，为政务公开、业务协同、辅助决策、公共服务等提供信息支持，既包括政务部门在办理业务过程中产生的信息，也包括因需在外部采集、加工的信息，还有一些历史继承下来的资源；政务信息资源的开发与利用是指政务部门、社会以及公众对政务信息资源的使用和增值性开发。其利用可分为四种情况：一是政务部门内部的使用；二是政务部门之间的交流共享；三是政务部门向社会开放；四是在政务信息不能充分利用的情况下，通过向社会开放，由信息资源企业加工增值后进行商业化运作。围绕规范政务信息资源开发利用和基础设施、应用系统、信息安全等建设与管理的需要，开展电子政务方法研究，推动政府信息公开、政府信息共享、政府网站管理、政务网络管理、电子政务项目管理等方面的法规建设，推动开展修订相关法律法规的研究。

政务信息资源开发利用是推进电子政务建设的主线，是深化电子政务应用取得实效的关键。应建立和完善政务信息资源开发利用体系。加快人口、法人单位、地理空间等国家基础信息库的建设，拓展相关应用服务。引导和规范政务信息资源的社会化增值开发利用。鼓励企业、个人和其他社会组织参与信息资源的公益性开发利用。充分发挥政务信息资源开发利用对节约资源、能源和提高效益的作用，发挥信息流对人员流、物质流和资金流的引导作用，促进经济增长方式的转变和服务型政府的建设。

第三节　法人库与电子政务

为了促进开发利用政务信息资源，加快政府职能转变，提高行政管理质量和效率，增强政府监管和服务能力，实现政务管理电子化和信息化，国务院信息化工作办公室（以下简称国信办）受国务院委托提出了《关于我国电子政务建设指导意见》（中办发〔2002〕17号），其中明确提出，要加快十二个重要业务系统建设，设计电子政务信息资源目录体系与交换体系，启动人口基础信息库、法人单位基础信息库、自然资源和空间地理基础信息库、宏观经济数据库的建设。

此后，在《国家电子政务总体框架》（国信〔2006〕2号）、《国家信息化发展战略（2006~2020 年)》《中华人民共和国国民经济和社会发展第十一个五年计划规划纲要》中，都明确提出"深度开发信息资源，加快国家基础信息库建设，促进基础信息共享，优化信息资源结构""加强信息资源深度开发、及时处理、传播共享和有效利用"。

2007 年通过的《中华人民共和国政府信息公开条例》，目的在于推行政务信息公开，提高政府科学执政能力、管理服务水平，为公民、法人或其他社会组织提供信息，构建社会主义和谐社会。在法人管理领域，要做到政务信息公开，首先必须得有准确、权威的法人单位基础信息，因此必须加快法人库建设。

国家标准委和国务院信息办制定的《电子政务标准化指南》指出：法人库"是各类电子政务应用所需信息资源的核心储存地，是信息资源共享的基础"。根据国务院办公厅秘书局《电子政务信息共享互联互通平台总体框架技术指南（试行)》的要求，法人库作为电子政务基础信息资源，直接面向政府的十二个重要业务系统，进而为组织机构和社会公众提供服务。法人库与电子政务的关系如图6-1所示。

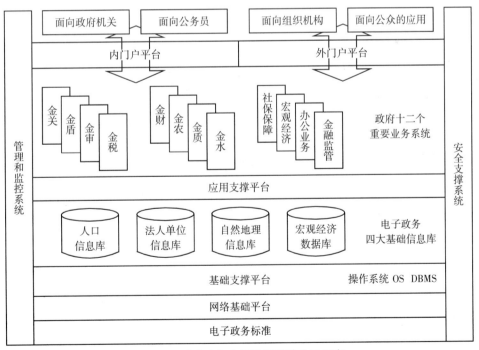

图6-1　法人库与电子政务系统关系示意

目前，以"金"字头为代表的多项工程取得了突破性进展，相应构建了标准化体系和安全保障体系，促进了业务协同和资源整合，进一步推进电子政务的发展；国家四大基础库的建设也在有条不紊地研制和建设中；而我国电子政务信息资源目录体系与交换体系也早已研制设计出来，并已成为指导电子政务建设的重要依据。法人库与现有电子政务系统之间的关系如图 6-2 所示。

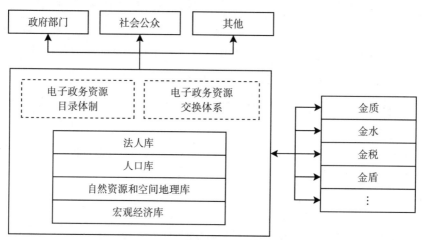

图 6-2　法人库与现有电子政务系统关系示意

由图 6-2 可知，目录体系可以实现对信息资源的有序化组织管理，各部门可以了解和掌握信息资源的基本概况，发现和定位所需要的信息资源，而通过交换体系可以获取到所需要的信息资源，两部分相互协作，从而实现信息资源的共享交换。法人库通过目录体系和交换体系与其他三大库和十二金业务系统进行信息资源交换。法人库的建成不仅能够实现电子政务系统数据的共享，同时建设过程本身能够推进政府业务流程的整合。法人库从政府内部法人相关数据和信息共享着手，解决了法人数据跨职能部门传递困难的问题，为政务管理、社会公众以及其他服务对象提供服务，推进政府职能部门职责的明晰、业务流程的协同和服务意识的增强。从宏观角度和长远意义来看，法人库的建设是电子政务数据挖掘的有力工具与现实效果，既能实现信息的汇总而便于共享，同时还能为决策提供知识上的依据与支持，也只有这样才能向政府部门和社会公众提供真正意义上的"一站式"服务。

国务院信息办明确指出，"扭转我国信息资源开发滞后的局面是长期任务，要从最基础的工作做起"。"先启动人口基础信息库、法人单位基础信息库、自然资源和空间地理基础信息库及宏观经济数据库四个基础性、战略性数据库，为今后数据库的建设打下基础"。并着重强调"建设以组织机构代码为唯一标识的全国法人单位基础信息库"。"其他部门在此基础上，根据统一规划和实际需要，建设相应的业务数据库"。

法人单位基础信息库与人口基础信息库、自然资源和空间地理基础信息库、宏观经济信息数据库并列为国家电子政务建设一期工程任务中重点建设的四个国家基础信息库。建设四大基础数据库的目的是从政府内部数据和信息共享着手，解决数据跨职能部门传递困难的问题，整合各部门间的政务信息资源，推进政府职能部门职责的明晰以及提高业务流程的协同和服务。

这四大基础数据库的划分是经过了慎重考虑的，不仅要使其成为一个有机的整体，同时要全面表达从自然到社会的整个人类活动空间。三者缺一不可，如果一个库废止，那么其余三个库即使建成也无法发挥预计的效力。四大基础数据库正是从政府内部数据和信息共享着手，解决跨职能部门传递数据困难的问题。四大基础数据库的建成不仅会实现政府内容数据的顺利共享，更具意义的一点是这个过程将推进政府职能部门职责的清晰、流程的协同和服务意识的增强。从宏观角度和长远意义来看，四大基础数据库的建设是电子政务数据挖掘的有力工具与现实效果，既能实现信息的汇总而便于共享，也能作为决策提供知识上的依据与支持。

法人单位基础信息库是面向法人的应用，由国家质检总局牵头，中央编办、民政部、国家税务总局、国家工商总局、国家质检总局、国家统计局等部门参加，共同建设以法人单位组织机构代码为统一标识，以编办、民政、工商、质检等部门对法人管理的注册登记、变更、注销等法人信息为依据的法人单位基础信息库。人口基础数据库是以公民身份证号为统一标识建设的自然人信息的数据库。自然资源和空间地理基础数据库是以各种分类代码为统一标识的，实现对自然资源的管理以及对社会资源的管理的数据库。宏观经济基础数据库是以各类综合经济统计指标体系为基础建设的数据库，旨在为政府决策提供重要依据。

综上所述，法人库等四大基础数据库是电子政务的资源基础和运行基础，是实现信息共享的首要前提和必备条件，是电子政务建设必须先行的重要组成部分。

法人基础数据库的建成将为其他三个基础数据库提供法人数据，实现数据顺利共享，推动政府部门的业务协同，加快政府职能转变，提高行政管理质量和效率，增强政府监管和服务能力，实现行政管理电子化和信息化。法人单位基础信息库的建设目标是："十一五"期间，围绕各政府部门对法人监管业务的实际需求，制定法人库标准规范体系，依托国家电子政务内外网，整合编办、民政、税务、工商、质检、统计的法人信息资源，建设一个逻辑集中、全国统一、信息全面、准确一致、动态更新、真实反映法人现状的法人单位基础信息数据库，为各部门加强法人的监管及社会公众对法人的社会监督，构建社会主义和谐社会提供支撑。法人单位基础信息库是建立在国家层面上的，实现全国法人基础信息共享与公开，促进政府部门间的协作，为税务、金融、社保、海关等领域对法人的监管、为国家决策提供信息支撑，按照国家有关法律、法规和规定为社会提供广泛、准确、动态的法人信息服务。

法人库建设是电子政务建设的重要组成部分，法人库信息资源亦是政务信息资源不可或缺的一部分。法人数据库的信息资源包括我国所有企业、机关、事业单位、社会团体以及其他组织机构的基本信息，并对这些组织以组织机构代码的形式进行了统一的标识。而当前我国政府职能将由管理型向管理服务型转变，政府将主要依据法律、法规、政策，用规划、统筹、协调、服务、监督等方法，来间接调控国民经济、管理社会公共事务。政府职能的这种转变无疑将使得政府一方面更加依赖大量的信息资源进行各种决策，另一方面也将会产生更多的、用以宏观调控与指导国民经济与社会公共事务管理的政府信息资源。法人库政务资源是法人库信息资源应用于政务管理而产生的，具体可以从政府产生和需求的两个角度来对其内容分类：政府决策信息、为社会各界服务的信息、反馈信息、政府间的交流信息。

建设法人库有助于加快我国法人单位基础信息资源的开发利用，促进信息资源共享，满足政府、行业和社会公众对法人单位基础信息日益增长的使用需求，实现"统一标准，整合资源，保障安全，拉动产业"的目标。而法人单位基础信息是国家电子政务建设不可或缺的基础信息资源，是统一和衔接各有关部门对法人单位的认定标准，是实现政府部门之间信息交换的重要桥梁。在各级政府部门逐步建立和完善标准统一、互为补充、相互共享且能适时更新的法人单位基础信息库，已成为国家电子政务信息化建设的重要基础工程。

第七章　法人库信息资源与政务管理

第一节　法人库信息资源与政务管理

　　电子政务是我国以信息化带动工业化，以工业化促进信息化，实现跨越式发展的重大历史机遇。电子政务建设的成功，将在政府转变职能、业务整合、机构重组、流程再造和管理创新的机构改革中发挥不可估量的作用，必将大大提高行政效率和质量，增强政府监管和服务能力，带动国民经济和社会信息化，提升我国的综合国力和国际竞争力。随着当前我国政府职能由管理型向管理服务型的转变以及电子政务的建设和发展，使得政府机构所拥有、生产、使用与传送信息的方式发生了深刻的变化，它具有信息需求量大、涉及部门多、覆盖面广、信息格式差异大等特点，使政务管理成为一个十分复杂的关键课题。

　　法人库建设作为电子政务建设的重要组成部分，为政务信息资源提供了不可或缺的法人相关信息资源。法人信息资源的开发是电子政务应用系统有效运行的基础，也是电子政务深入发展的前提。与此同时，电子政务应用系统又是法人信息资源开发利用取得实效的关键。电子政务应用系统的运行会生成大量的信息，对其中有进一步使用价值的，予以适当分离和汇集，进行深度开发，就形成新的、相对独立的法人库信息资源。在电子政务环境下，对法人信息资源进行准确、充分和全面的利用，是提高政府办事效率、工作质量和更准确决策的根本保证，能推动网络仲裁、网络公证等法律服务与保障体系建设；打击非法经营以及危害国家安全、损害人民群众切身利益的违法犯罪活动，保障经济社会的正常秩序。从各个角度对法人信息资源进行全面分析，才能对法人信息资源进行有效的开发、管理和利用，这是保证电子政务高效、健康运转的基础之一。

一、法人库信息资源分析

法人库信息资源开发利用是贯穿法人库信息化全过程的主线，是取得实效的关键。应该说，法人库信息资源管理的核心是"管理法人信息资源以完成政府机关任务和提高绩效的过程"，其目的就是充分开发和利用法人库信息资源，以实现法人库信息资源共享与网上政府向社会公众提供法人信息服务。法人数据库的内容包括我国所有企业、机关、事业单位、社会团体以及其他组织机构的基本信息，并对这些组织以组织机构代码的形式进行了统一的标识。

从使用者的角度来看，法人库信息资源可以分为部门内部用信息和部门外部用信息两类。部门内部用信息资源包括部门内部管理及内部业务流程所需要的而部门以外不需要的信息，部门为制定决策或进行公共管理所需要的信息。部门外部用信息资源包括部门之间信息交换的信息、部门向社会公众公开的信息，以及政务部门对公众提供服务的信息。

从应用范围的角度出发，法人库信息资源主要包括以下三种类型：一是面向社会公开的信息，如国家信息政策和法规信息等。这类信息上可以上传到面向公众的互联网上，使社会公众能够在网络环境下利用这些资源。二是跨部门共享的信息。只在指定的系统或部门之间（含内部）共享的信息，如在财政部门与银行之间的外联网上流通的信息等。三是部门内部信息。只在本系统或部门内部共享的信息，如内部会议纪要等。这类信息一般可在某一系统或部门的内联网上流通。

从信息化建设角度来分，法人库信息资源包括软资源和硬资源，如图 7-1 所示。其中，软资源就是在法人库建设中，相对于基础设施、基础条件等"硬件"而言的法律法规、标准规范、体制机制、政策法规及政府行政能力水平和态度等非物质资源；而硬资源则指法人库建设中涉及基础设施等物质资源。

在政务管理领域，法人库起主要作用的是法人库政务资源，它以解决政务管理问题为需求导向，法人库政务资源能为政务管理提供有效的决策支持。从信息资源开发利用角度来分，法人库政务资源中的法人库信息资源主要包括法律法规

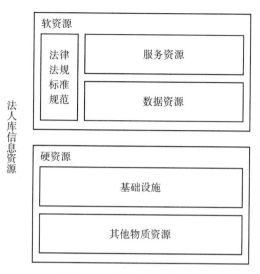

图7-1 法人库信息资源

标准规范、数据资源和服务资源，其中法律法规标准规范贯穿数据资源和服务资源始终，数据资源是服务资源的基础，三者相互依存、相互作用。法律法规标准规范主要包括国家电子政务改革的方针、政策、法令、措施以及法人库建设过程中制定的标准规范、体制机制等信息资源；数据资源是服务资源流转的数据基础，来自不同部门的业务数据组合成法人库的数据资源，为法人库对外服务提供基础保障。法人库的服务资源是通过有效利用法律法规标准规范和数据资源实现的，确保法人基础信息库与各法人业务管理库的互联、互通、互操作及信息的安全可靠，为政务管理提供法人服务。

　　本书着重从信息资源开发利用角度研究法人库信息资源在政务管理中的应用。其主要研究思路是在法律法规及标准规范的指导下，通过整合数据资源建设法人库服务资源，实现现阶段我国法人库的建设目标："十一五"期间，围绕各政府部门对法人监管业务的实际需求，制定法人库标准规范体系，依托国家电子政务内外网，整合编办、民政、税务、工商、质检、统计的法人信息资源，建设一个逻辑集中、全国统一、信息全面、准确一致、动态更新、真实反映法人现状的法人单位基础信息数据库，为各部门加强法人的监管及社会公众对法人的社会监督，构建社会主义和谐社会提供支撑。下面就这两类重要资源进行分析和阐述：

1. 数据资源

法人库数据资源主要指在实际的法人库运行过程中产生的法人数据信息，一般来自各法人业务管理库。根据中共中央办公厅、国务院办公厅关于转发《国家信息化领导小组关于我国电子政务建设指导意见》（中办发〔2002〕17 号）中的建设要求，法人单位基础信息库与其他三个基础库是国家电子政务建设工程中重点建设的四个国家基础信息库，其数据资源也是规划和开发国家重要的政务信息资源。法人库的数据资源为建成全国统一、信息全面、准确一致、动态更新、真实反映法人现状、并能向政府部门和社会提供动态信息的法人单位基础信息奠定了坚实的基础。

法人库系统中存储的各类数据是法人库信息化建设的基础，直接关系到政府和国家的利益。法人库中的数据资源来源于各法人专业管理部门，它们是法人库基础信息鲜活性的保障。有效利用法人库数据资源能为政府决策、部门应用、为更多的企事业应用单位提供定制服务，使法人库中的数据资源得到充分利用，并为其他三个国家级基础库提供所需的数据资源，真正实现信息资源共享的目的。

根据国家法人库对法人数据的需求，数据资源可归为如下两类：

（1）基础数据类。包括核心数据库、临时数据库、历史数据库、比对数据库等数据库中的法人原始数据。其所含信息是描述一个单位特征和外貌的最基本信息。例如，包括组织机构代码、组织机构名称、组织机构地址、组织机构类型、法定代表人、注册号（或批准文号、证书编号）、注册日期、电话号码八项主体信息，以及包括新办、年检、变更和注（吊）销等信息在内的状态信息。基础数据最大的特点是以组织机构代码作为数据库中所有单位的唯一的、始终不变的代码标识和主索引，其他政府部门和行业的数据库都是以组织机构代码为索引与基础数据库进行信息互联、互通的。

（2）专业数据类。包括业务管理数据库、决策支撑服务数据库、文献资料数据库中的法人过程数据等。是政府其他部门在索引数据库的基础上，增加自身业务领域内的专业信息，形成了各自领域内的专业数据。例如，工商企业的数据库可以增加企业董事会的组成，商贸部门可以增加外贸企业的进出口商品种类、数量、进出口额等信息，公安部门可以增加各类法人单位守法记录的信息，税务部门可以增加各类法人单位纳税情况的记录。

通过对以上数据资源的开发和利用能有效地为政府决策、部门应用、为更多的企事业应用单位提供定制服务，使法人库中的数据资源得到充分利用。

2. 服务资源

法人库服务资源是以数据资源为依托，遵循法律法规及标准规范建立的一类资源，主要为政府、企业、公众提供法人服务，是政府管理方式的重大变革，实现构建服务型政府的目标。这里的服务主要指 Web Service 或 Web Services，是一个或多个组合而成的应用程序，是基于网络的、分布式的模块化组件，它执行特定的任务，遵守具体的技术规范，这些规范使得 Web Service 能与其他兼容的组件进行互操作。它可以使用标准的互联网协议，像超文本传输协议 HTTP 和XML，将需要的功能体现在互联网和政务内部网上。对于这些服务，如何提高服务管理以及服务质量是法人库在政务管理中应用的重要研究问题。

对于质量管理，早在 20 世纪 20 年代，美国质量管理专家戴明博士便提出了PDCA 管理模式（即"戴明环"），它是全面质量管理所应遵循的科学程序，即质量计划的制订和组织实现的过程，其处于不停顿地周而复始地运转中。PDCA 四个英文字母及其在 PDCA 循环中所代表的含义如下：

（1）P（Plan）——计划，确定方针和目标，确定活动计划。

（2）D（Do）——执行，实地去做，实现计划中的内容。

（3）C（Check）——检查，总结执行计划的结果，注意效果，找出问题。

（4）A（Action）——行动，对总结检查的结果进行处理，对成功的经验加以肯定并适当推广、标准化；对失败的教训加以总结，以免重现，未解决的问题放到下一个 PDCA 循环。

PDCA 循环实际上是有效进行任何一项工作的合乎逻辑的工作程序。在质量管理中，PDCA 循环得到了广泛的应用，并取得了很好的效果，这四个过程不是运行一次就完结，而是要周而复始地进行。一个循环完了，解决了一部分的问题，可能还有其他问题尚未解决，或者又出现了新的问题，再进行下一次循环，其基本模型如图 7-2 所示。

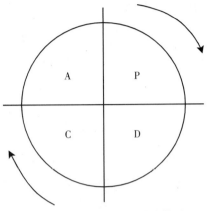

图7-2　PDCA 循环的基本模型

　　根据法人库建设目标，利用 PDCA 循环对法人库服务资源进行建立、实施、运行、监控、维护和改进，采用整合的过程方法以使交付的服务满足政务业务部门和社会公众的要求，构建的法人库服务资源应用模型如图7-3 所示。

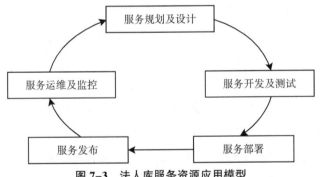

图7-3　法人库服务资源应用模型

　　从服务规划及设计到服务运维及监控，在服务资源的整个生命周期中，不同管理过程都包含了相应的服务管理流程，利用它能为政府提供技术保障和环境支持服务，运行时也可以检验业务流程的正确性，以确保政务管理的合理性，并且符合政务管理法律及相关的规定，且这些服务都在不断地发展、完善。

　　在服务资源应用于政务管理的过程中，由于法人信息分布在不同的管理机构，普遍缺乏协调力度，影响了法人数据的数量和质量，也影响了法人单位基础库的准确性、完整性和权威性；各个管理机构职能条块分割，标准不统一，内部系统之间也缺乏能够相互关联的信息标识，使得法人基础信息冗余等问题出现，因此，法人库建设必须针对具体问题分析原因。例如，法人信息的查询服务，由于没有权威的法人信息管理部门，法人信息分散而不全面，使查询的流程被分割得支离破碎。因而，改造现状不仅要设法提高各职能部门之间的信息共享，更要从整体优化的角度彻底根除那些不必要的职能分割。

对此，法人库通过构建不同的电子政务服务提供给不同的适用对象，解决和优化政务现状。通过统一的标准描述不同法人信息管理部门提供的服务，以 Web Service 的方式呈现在部门前置机或数据库上，这些服务可能是单独的一个应用，也可能是多个应用组合而成的应用。法人库提供的电子政务服务主要有政府与政府之间的电子政务（Government to Government，G2G）、政府与企业之间的电子政务（Government to Business，G2B）、政府与公众之间的电子政务（Government to Citizen，G2C）等几种模式。其中，G2G 主要是针对政府内部以及政府之间信息交换的处理模式，G2B、G2C 则主要是政府面向社会提供服务的模式。本书法人库信息资源在政务管理中的应用主要是 G2G 模式。G2G 电子政务模式是电子政务的基本模式，也是法人库信息资源在政务管理中的主要应用模式，它是指政府与政府之间的电子政务，是政府内部、政府上下级之间、不同地区和不同职能部门之间实现的电子政务活动，将与法人社会经济活动相关的信息封装成 Web Service，向其他使用者提供法人服务。

可见，法人库的服务资源是法人基础信息资源在信息化管理中得到充分利用的表现，为全面掌握准确、一致、及时、动态的法人基础信息，促进资源节约和高效开发利用等提供了重要依据和技术支撑，为整合各类法人应用资源提供访问机制，为政务资源管理工作提供现代化的手段。因此，法人库服务资源对政务管理起着举足轻重的作用。

二、法人库信息资源在政务管理中的作用和意义

政务管理的外延范围很广，从不同范围、不同角度、不同层次去认识，对政务管理的本质内涵往往会得出不同的看法。政务管理因为信息载体、信息内容的不同，形成政务管理的内容性质、管理手段方式和管理层次的不同，在社会发展中演变出不同的管理阶段。但不论政务管理的外延范围如何，实质都是对电子政务信息活动各环节的所有信息要素，实施决策、计划、组织、协调、控制，从而

有效地满足电子政务适用信息需要的过程。也就是说，政务管理的实质是对政务管理信息资源生产、信息资源建设与配置、信息整序开发、传递服务、吸收利用的活动全过程各种信息要素（包括信息、人员、资金、技术设备、机构、环境等）的计划、组织、指挥、协调、控制，从而有效地满足电子政务适用信息需要的过程。

而信息资源是一个国家或一个地区实现信息化的基础。在当前电子政务推进的过程中，如何有效开发和利用信息资源问题已经成为迫在眉睫的任务。着眼经济社会发展的关键环节和重要领域，开发利用信息资源为现代化建设服务。推进体制和机制创新，发挥市场机制的作用，提高信息资源开发利用的效率和效益。法人信息资源的开发是电子政务应用系统有效运行的基础，也是电子政务深入发展的前提。与此同时，电子政务应用系统又是法人信息资源开发利用取得实效的关键。电子政务应用系统的运行会生成大量的信息，对其中有进一步使用价值的，予以适当分离和汇集，进行深度开发，就形成新的、相对独立的法人库信息资源。

法人库系统中存储的各类数据是法人库信息化建设的基础，直接关系到政府和国家的利益。法人库信息资源建设与政务管理相互促进。政府管理与服务的行政创新发展要求政务部门为履行经济调节、市场监管、社会管理和公共服务职能，建立大量跨部门业务过程，如企业基础信息交换、食品药品监管业务、社会信用业务、社会保障业务、环境保护业务等，这些业务需要多个部门共同参与完成，需要实现跨部门的信息共享和业务协同。从电子政务应用项目的客观需求、建设目的和业务内容等角度看，在政务管理中法人单位基础信息的作用可以分为：

1. 加强政务信息交互与共享

法人库信息资源管理基本是部门化、地方化的，处于条块分割状态，这是受地理位置局限性所决定的。政府信息交流在政府与政府之间、政府与政府各部门之间存在着大量的间断点，使法人信息处于非连续的存在状态，严重地掣肘政府政务信息的沟通与利用。法人库支持两个或多个部门之间共享政务 CIT 资源、信息资源的技术方式；通过统一信息库、共享信息库等方式，实现不同部门之间的信息共享，并解决政务数据一致性问题；通过统一的应用支撑平台，实现基础硬件设施的共享。法人库的建设让法人的各主管部门业务系统基础数据资源得以从以前的信息系统分散建设格局中分离出来，而其中的法人库数据资源使得人们能够以一种崭新的视觉认识法人这个实体，提供了更全方位、更准确、更可靠的法人信息。解决长期以来政府部门的条块分割、法人信息资源"信息孤岛"问题，实现政府各部门网络的互联互通，实现跨部门的与法人应用相关业务系统数据交换、资源共享的目标，使得法人信息从整体上呈现连续存在状态，使政府与政府之间、政府与政府各部门之间有关法人的信息交流与利用不发生断层现象，真正实现政府法人信息的无缝化管理。

2. 促进政务信息监管和维护

法人库信息资源集中管理了分散在各部门的法人信息。由国家质检总局牵头，中央编办、民政部、国家税务总局、国家工商总局、国家质检总局、国家统计局等部门参加，共同建设以法人单位组织机构代码为统一标识，以编办、民政、工商、质检等部门对法人管理的注册登记、变更、注销等法人信息为依据的法人库数据，最终实现法人库与各部门的信息交换，实现法人单位基础信息采集的标准化和信息动态维护、反馈机制的制度化，为国家电子政务、社会监管、法人信息公开打下信息基础。

3. 减少重复建设、资源浪费

国家电子政务改革的方针、政策、法令、措施以及法人库建设过程中制定的标准规范、体制机制等信息资源，是法人库信息共建共享的法规、制度和依据。它们的建立能有效避免因缺乏统一规划和管理而导致信息资源一数多源、重复建设、巨大浪费。法人库建设以需求为导向，统一规划、分期实施、稳步推进。由于法人库建设涉及编办、民政、税务、工商、质检、统计等多个政府部门，而且要从各部门的业务管理数据库中抽取法人基础信息，因此必须在统一规划下建设，遵循统一的数据标准及技术体系。标准规范的建立能为法人库建设提供一个保障体系，也使得政务管理"有法可依"。

4. 优化政务流程

电子政务的目的是以构建服务型政府为中心，在网络上实现政务组织结构和工作流程的优化重组，对传统政府进行持续不断的革新和改善，以期实现高效率的政府管理和服务。法人库政务服务主要为政府、企业、公众提供法人服务，整合各类法人应用资源，是政府管理方式的重大变革，以实现构建服务型政府的目标。法人库建设就是为了整合业务流程，使政务与技术有机融合，优化政务流程。通过法人库系统开发与行政业务流程梳理的结合，加强业务规范和技术标准的研究，提升电子政务的应用效能。在优化设计政府业务流程时，尤其在与法人相关的业务中，利用法人库政务服务，为法人信息共享提供载体，使不同层级政府的不同职能部门之间能够进行直接的信息交流和即时的信息沟通，使政府各种业务流程形成跨时空、跨部门及跨职能的有机联系，支持多个政务部门协同完成一个业务过程的技术方式。通过采用工作流等技术，将多个部门业务组成一个业务流程。各部门实现各自的业务，工作流实现业务信息按流程转发，并持续启动相关业务过程，实现跨部门的业务协同，实现不同层级政府的各种业务管理流程全方位的一体化。

5. 为政府决策提供技术手段

通过法人库政务服务资源的应用和深层次的加工整理与分析，满足政府职能转换的需要，有助于党和国家以及各级政府在解决经济与社会发展中的重大问题和关键需求时，更加准确地把握当今我国的社会基础，从而合理掌控政务部门、企业构成和社会团体等法人实体的身份认证与依法治理等一系列重大决策，并以实现部门资源共享、建设符合市场机制的企业信用与认证体系和管理有序、治理规范的民间社团为目标，充分服务于社会与公众，充分发挥信息技术的先进生产力作用，使法人库服务资源成为党和政府增强执政能力，改善公共服务，缓解社会信用体系不完整、不健全的巨大压力，提高社会和谐程度的有效工具和手段。

因此，在政务管理中应将法人库信息资源建设作为头等大事，有效、高效利用法人信息资源，推进"后工业化时代"社会管理的进程，促进政务管理的优化。

三、法人库建设的政策措施与方法

1. 支撑法人库政务管理应用的政策及法规

国家法人库建设必须遵循国家与法人库建设相关的法律法规、政策制度。法人基础信息库是一个由多部门联合共建的共享信息库，它是政务信息整合的一个重要组成内容。为加快推进政务信息整合，实现信息资源共享，中共中央办公厅、国务院办公厅关于转发《国家信息化领导小组关于我国电子政务建设指导意见》的通知（中办发〔2002〕17 号）和《中共中央办公厅、国务院办公厅关于加强信息资源开发利用工作的若干意见》（中办发〔2004〕34 号）以及国务院《电子政务一期工程建设方案》都对建设四大基础性、战略性数据库做出了部署，并对四大基础数据库的建设模式提出了建议。2004 年，《中华人民共和国行政许可法》正式颁布。2005 年 4 月，中共中央办公厅、国务院办公厅联合下发了《关于进一步推行政务公开的意见》（中办发〔2005〕12 号）。这些全国性法规的实施，为推进政务信息公开工作奠定了良好的基础。

此外，国信办与国家税务总局、国家工商行政管理总局、国家质量监督检验检疫总局《关于开展企业基础信息交换试点的通知》（〔2002〕62 号），以及《关于深化扩大企业基础信息共享和应用试点的通知》文件（〔2003〕47 号）都对建立企业基础信息库提出了明确要求，为法人基础信息库的建立奠定了良好的理论基础和政策环境。法人库的建设必须严格遵循这些法规意见，并在建设过程中积极贯彻落实。

2. 法人库政务资源在政务管理应用中的方法与技术

我国法人库的建设是一项复杂的系统工程，必须从我国实际国情出发，不能盲目跟从国外流行的方法论。鉴于我国社会主义建设的成功经验，能有效利用法人库政务资源为政务管理服务，在方法论的选择上以系统科学理论为指导，以"物理—事理—人理方法"（Wuli-Shili-RenliMethod，WSR）和"螺旋推进方法论"（Spiral Propulsion Systems Methodology，SPIPRO）作为方法论。

（1）WSR 方法。该方法是中国著名系统科学专家顾基发教授和朱志昌博士于 1994 年在英国 Hull 大学提出的。该方法论从物理、事理和人理三个维度为解决我国社会主义建设中的复杂问题提供了一套行之有效的方法论。它既是一种方法论，又是一种解决复杂问题的工具。根据具体情况，WSR 将方法组群条理化、层次化，起到化繁为简的功效，属于定性与定量分析综合集成的东方系统思想。因此，WSR 方法为我国法人信息库建设提供了重要依据。

（2）SPIPRO 方法论。该方法论的核心思想是：在解决问题的过程中，按照事物变化和演化的实际情况，可以反复循环使用各种不同的方法，推进事物的发展进程，以期达到预定的变动着的目标。因此，SPIPRO 方法论为我国法人库的持续改进提供了重要依据。

为了分析法人库政务资源在政务管理中的应用，确定工作的思路：以业务梳理为核心、以数据交换为支撑，通过实现跨部门的交互与应用来解决政务问题，在这个过程中，必然会使用统一的标准规范来整合不同的业务数据，并以遵循统一的标准规范对外提供法人库服务。本书结合 WSR 方法和 SPIPRO 方法论这两种方法的优点，探讨我国法人库政务资源建设为解决政务管理中存在问题所建立的解决问题模型，在模型分析的过程中，以物理、事理和人理三个维度的 WSR 方法贯穿始终。

按照提出问题、分析问题和解决问题的思路将法人库政务资源在政务管理应用中的方法分为七个步骤：调研政务问题、分析问题产生的根源、梳理政策/职能、梳理政务资源、分析共享与协同需求、形成交换目录、采用标准规范和数据交换技术解决问题，如图 7-4 所示。

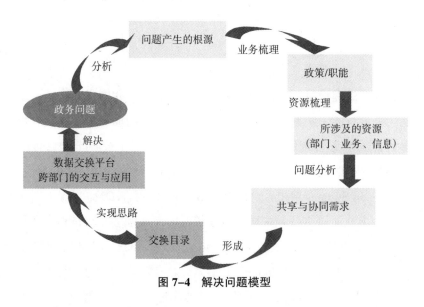

图 7-4　解决问题模型

第一，调研政务问题。通过阅读相关参考文献，配合实地调研情况，罗列现存法人库政务资源在政务管理应用中存在的多部门协调问题。

第二，分析问题产生根源。结合社会热点、国家关注重点中的政务管理发展趋势，分析产生问题的根源。

第三，梳理政策/职能。针对现有的相关政策及政务职能采用"五清四表"

法进行业务流程梳理。

第四，梳理政务资源。针对跨部门的业务资源、信息资源采用"三层六步"法进行统筹梳理，规范业务。

第五，分析共享与协同需求。通过对业务流程、政务资源的梳理，分析协调部门直接的业务问题以及共享需求。

第六，形成交换目录。通过分析协同部门共享信息的需求，按照特定的标准规范编制出协同部门政务信息资源交换目录。

第七，采用标准规范和数据交换技术解决跨部门信息交换和共享问题。根据标准规范和交换目录，建立共享交换机制，通过数据交换平台实现政务信息资源共享与跨部门业务整体解决方案。

另外，本书认为 SPIPRO 方法论为这个模型持续改进提供了重要思路。该方法强调在解决问题的过程中，按照事物变化和演化的实际情况，可以反复循环使用各种不同的方法，推进事物的发展进程，以期达到预定的变动着的目标。使用该方法可以更合理、更优化地解决政务问题，能更好地适应我国社会主义信息化建设的需要。

按照模型思路，以解决政务管理问题为需求导向，法人库政务资源应为政务管理提供有效的决策支持。如何解决不同部门和机构的信息交流、决策经验、专家意见等信息的有效获得和正确取舍就成为一个必须面对的问题。政府决策支持功能就是要整合各级部门间法人相关数据信息，加强和促进各部门间的信息共享和交流，并通过对这些数据进行实时、动态的综合处理和分析，主要为政府制定全局性宏观决策提供科学依据，为领导决策提供服务。这里涉及的关键技术有数据仓库技术、数据挖掘技术、在线分析处理技术（OLAP）和决策支持技术，要解决的关键问题主要有以下几点：

第一，政府决策的过程是一个从非结构化数据中抽取结构化信息，再提供非结构化决策分析的过程。为了建立良好的政府决策数据环境，获得高质量的数据分析结果，建立适合政府决策的数据仓库系统是政府决策支持系统的关键环节，以确保政务系统中的数据能够更好地发挥分析、决策的作用。

第二，建立适合各级政府决策所需的政府知识库或知识管理系统，使政府决策向智能化方向发展。

第三，采用联机分析处理技术，通过对信息进行快速、稳定、一致和交互式的存取，对数据进行多层次、多阶段的分析处理，以获得高度归纳的分析结果。

基于以上分析，以法人库政务资源为基础，通过对这些数据的加工和处理，才能动态地跟踪真实、准确、一致、权威的法人信息，才能为政府的政务管理提供决策服务。因此，我们应将法人库政务资源整合利用作为头等大事，有效、高效利用法人信息资源，提高政府决策的科学性，使得决策既有理论研究的支撑又有决策前的缜密论证，避免发生决策失误，或者出现执行上的困难，或者不得不朝令夕改，保持政策的稳定性和连续性。

要加快推进法人库建设，使关系电子政务发展全局的重大体制改革取得突破性进展，建立健全与社会主义市场经济体制相适应的电子政务管理体制。各相关部门要进一步加强和改进管理，促进电子政务充满活力、富有效率、健康发展。把电子政务建设和转变政府职能与创新政府管理紧密结合起来，形成电子政务发展与深化行政管理体制改革相互促进、共同发展的机制；创新电子政务建设模式，逐步形成以政府为主、社会参与的多元化投资机制，提高电子政务建设和运行维护的专业化、规范化和社会化服务水平，促进法人库在政务管理中的广泛应用。

第二节 法人库信息资源在政务管理中的应用分析

一、法人库数据资源在政务管理中的应用

在现阶段，现行体制下，各类法人多部门注册，分属不同部门管理，各类法人应用部门也是根据各自业务需要采集或应用法人数据，而且各部门间没有法人信息共享平台。因此，法人基础信息无法集中，法人专业应用数据得不到应用，造成资源的浪费，监管手段的缺失，不仅使政府由多部门"管理型"向"管理服务型"转变的过程遇到阻隔，而且也不能为与法人有关的政府决策提供强有力的基础数据，造成政府不能做出科学的决策。法人库系统的建立可以保障各部门业务系统之间对法人单位实体信息描述的一致性，促进跨部门系统间的语义共享。

　　法人库为了更好地应用基础数据和专业数据，更有效地为政府决策、为更多的企事业应用单位提供定制服务，应当加强数据资源整合应用，如图7-5所示。

　　由图7-5可知，法人单位基础信息来源于参建部门的业务数据和组织机构代码数据，而资源元数据来源于各个法人相关的业务部门产生的法人单位专业信息资源，二者共同构成了法人库的核心数据库。法人单位专业信息资源则是由各政府部门在自身业务管理过程中获取到的法人经济社会活动相关的法人信息资源，可以从多方面、多层次、多角度反映法人的经济社会活动情况。通过资源元数据对信息资源进行统一的描述和表达，可以实现对信息资源的导航、定位、获取等功能，从而为有效管理和利用各类法人单位专业信息资源，实现核心数据库中的法人单位基础信息同法人单位专业信息资源的整合提供有效的途径。通过对整合后的法人信息资源的数据进行多维度分析、抽取、清洗，形成相应的数据仓库，最终为数据挖掘、决策支持、统计分析等扩展应用提供支持。

　　通过数据资源的整合，一方面，改善了"各顾各"的部门应用现状，在海量的政务信息资源中方便、快捷、有效地发现和获取与法人有关的数据；另一方面，能为政务管理与公共服务提供法人服务，也能为更多的企事业应用单位提供定制服务。这样，才能为面向法人的政府决策提供理论依据，开发利用法人信息资源为政务建设服务，提高法人信息资源开发利用的效率和效益。因此，我们应将法人库数据资源整合利用作为头等大事，有效、高效地利用法人信息资源，提高政府决策的科学性。

　　1. 应用内容

　　现阶段，法人库共建单位包括五个注册及登记部门——中央机构编制委员会办公室（以下简称中央编办）、中华人民共和国民政部（以下简称民政部）、中华人民共和国国家工商行政管理总局（以下简称国家工商总局）、中华人民共和国国家检验检疫总局（以下简称国家质检总局）、中华人民共和国国家税务总局（以下简称国家税务总局）以及一个应用部门——中华人民共和国国家税务总局（以下简称国家税务总局），目前法人库数据资源主要来源是以上五个部门，但今后可能有更多的机关、企事业单位、社会公众提供更多的数据资源，法人库的法人基础数据也会越来越多。

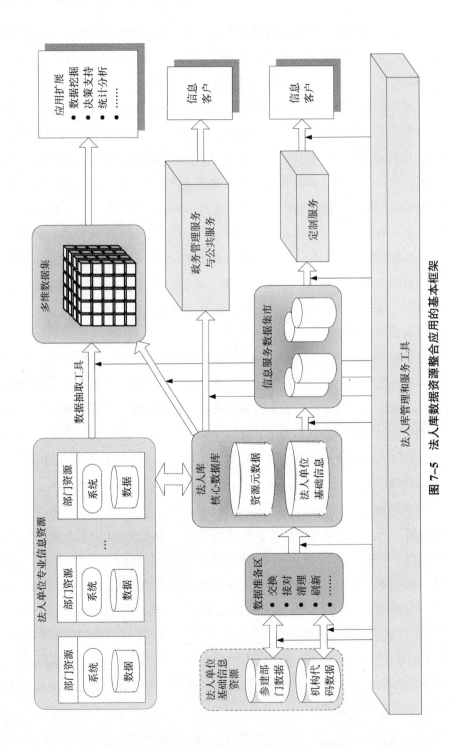

图7-5 法人库数据资源整合应用的基本框架

中央编办主要负责对全国范围内机关和事业单位的机构编制实行实名制管理。中央编办主要是对国家法人单位基础信息库机关和事业法人基础数据进行采集，各级各地事业单位登记管理部门掌握了比较全面的机关法人数据（包含中央级机关法人数据与地方机关法人数据）、事业单位法人数据以及机关法人和事业单位法人过程数据。按国家法人库的要求提供其所需的信息：①面向社会公众提供法人信息的查询、统计等数据信息，请公众参与对机关和事业单位机构编制执行情况的监督。②面向相关机构提供法人基础数据信息，供有法人信息需求的政府部门调用。③面向中央编办内部，提供决策支持等增值数据信息。

民政部主要管理民间组织法人的基本信息，但由于民政部信息化程度滞后，这些基本信息没有信息化，因而给采集利用民间组织法人信息资源带来了较大的难度。法人库建设需要的民间组织法人数据必须依赖于民间组织业务管理系统提供，而数据应保持鲜活、实时、全面、准确。通过采集、获取社会团体、基金会、民办非企业单位等法人机构的民政法人基础信息，使得法人库拥有全面性、权威性的数据，不会缺失民政法人信息。

国家工商总局的职责是依法组织管理各类企业和从事经营活动的单位、个人以及外国（地区）企业常驻代表机构的注册，核定注册单位名称，审定、批准、颁发有关证照并实行监督管理。工商企业法人实体库以国家、省两级方式向国家法人库提供法人单位的基础主体信息和状态信息，作为目录库的基准。而企业法人实体库是经济户口数据库和数据中心的子集。经济户口数据库是各级工商行政管理部门区域性的联机基本业务处理数据库（生产库）；数据中心是工商行政管理系统为了实现全国范围的协同业务和决策分析而建立的主题型数据库群及其服务功能的集合。企业法人实体库是为国家法人基础信息库服务的。法人库能够采集完整、准确、规范、一致的企业法人信息，依托各级工商行政管理机关将履行职能过程中所掌握的市场主体注册基本信息完整、准确、及时地记录建库，为建立企业法人库奠定基础。各地的经济户口数据库和企业法人实体库，从全国31个省级各类异构数据库中抽取、转换、载入企业法人数据，汇聚形成集中存储、统一管理、标准一致的全国企业法人业务管理库，以统一的出口为国家法人库提供企业法人基础信息。这些信息提供了企业法人基础信息，为有效监管企业法人提供有力保障，为管理应用这些资源奠定了一定的基础。

国家质检总局下属的全国组织机构代码管理中心进行统一管理的组织机构代码。全国组织机构代码管理中心主要是对企业、机关、事业单位、社团和其他合法组织机构的全国统一代码的赋码登记、信息变更、年检等的管理。对单位法人实行组织机构代码和自然人实行社会保障号制度，是国家整个经济和社会实现现代化管理的基本制度。以组织机构代码为唯一标识建立国家法人库，根据法人库制定的数据标准从法人组织机构代码数据库中获取法人组织机构代码基础信息，为法人库提供法人组织机构代码基础信息。实施以组织机构代码为法人单位唯一标识的法人库建设，有助于加快我国法人单位基础信息资源的开发利用，促进信息资源共享，满足政府、行业和社会公众对法人单位基础信息日益增长的使用需求，实现"统一标准，整合资源，保障安全，拉动产业"的目标。

在发展社会主义市场经济的过程中，税收承担着组织财政收入、调控经济、调节社会分配的职能。由于税务系统的法人税务信息存储在全国统一联网的"金税工程"税务登记及征收管理系统，法人库应从税务登记数据库中抽取法人税务基础信息数据。根据法人库制定的数据标准从国家税务总局的法人税务登记数据库中获取法人税务基础信息，再由法人税务基础信息库通过数据交换接口为法人库提供法人税务基础信息。国家税务总局以金税工程为主的全国税收信息化建设，不仅加强了对各税种的管理，强化了税源管控，也使税收执法进一步规范。利用各种信息数据开展税收经济分析、企业纳税评估等工作，查找征管薄弱环节，使信息利用水平不断提高。法人库获取的法人税务基础信息能使法人库基础信息更健全、更完备。

国家统计局是国务院直属机构，主管全国统计和国民经济核算工作。"九五"计划中实施了"国家统计信息工程"。目前，5000家"工业企业直报系统"和3000家"全国房地产指数直报系统"已经成为最重要、最核心的应用，主要为法人库建设提供法人统计基础信息库。根据法人库制定的数据标准，法人库从国家统计局的法人统计业务管理数据库中获取法人统计基础信息，再由法人统计基础信息库通过数据交换接口为法人库提供法人统计基础信息。

由以上各部门提供的数据组合而成的法人库数据资源不仅能为政府决策提供数据基础，也能为这些部门以及其他部门应用提供更多的法人相关数据，这样可以促进部门业务协作，还能为部门提供决策支持、提升部门服务创新、为部门做应急处理提供强有力的数据基础，这样才能真正达到数据资源共享的目的，加强各部门间的数据流动，保证数据全面有效的应用。

2. 应用现状

法人单位数据资源来源于参建部门的业务数据、组织机构代码数据以及法人单位专业信息资源，这些数据资源反映了法人在经济社会活动的全部情况，这些数据为政务管理提供了基础数据，并通过这些数据形成法人库交换指标体系，便于对法人库数据资源的管理。

目前，法人库暂未形成全国统一的法人信息管理标准。为了有效地建立法人单位基础数据库，需要制定与之相关的规范和标准。法人库交换指标体系就是为解决法人信息数据名称不统一而制定的，它为全国法人库数据信息处理与交换所需要的基本信息，提供了规范的信息格式，使各单位之间的信息交换与信息资源共享成为可能。用于指导各部门提供法人库需要的法人相关数据，使各部门更直观地了解法人库的交换内容，使得各部门能按照统一的说明和其他要求及时提供法人库所需数据。

以法人库交换指标体系为基础，建立各部门业务系统之间对法人单位实体信息的一致性描述，促进跨部门系统间的数据共享，能有效地为政府决策、部门应用、为更多的企事业应用单位提供定制服务，使法人库中的数据资源得到充分利用。

电子政务正在成为政府进行决策和管理的重要手段。决策是管理的核心，现代社会，无处不存在决策行为。市场经济经过几百年的发展到今天，已经成为一个十分庞大、复杂、精巧的系统，对于各个子系统之间的协调配合和良性运动提出了更高的要求。特别是当我们进入后工业化的知识经济时代，面对巨大的信息"爆炸"，不仅采用领导拍板决策的方式行不通，没有理论研究的支撑；不经过决策前的缜密论证，没有各界人士的广泛参与，也难免发生决策失误。或者出现执行上的困难，或者不得不朝令夕改，难以保持政策的稳定性和连续性。政府决策是指政府在管理活动中为了达到一定的目标对各种发展目标和规划以及政策和行动方案等做出的评价和选择，政府决策是政府行为的核心问题。提高政府的决策水平，保证决策的良好效能，是我国电子政务的必然要求，也是法人库的建设目标。

法人库对来自各部门的法人基础信息进行汇集，并通过建立正确的决策体系和决策支持模型，能够提供综合分析、时间趋势分析等辅助决策信息，形成决策支撑服务数据，为政府决策提供科学依据，提高决策的科学性、时效性和适应性，改善行政决策者的有限理性，为党和国家在法人管理决策及经济制度决策时提供辅助决策支持信息服务，这一系列的分析决策信息服务都是以法人库数据资源为基础的。但由于我国正处在转型时期，法人库数据资源在政务管理中应用的内容在政府决策过程中还存在许多制约性因素，影响着政府决策效能的提高，主要表现在：

（1）思维模式尚未转变。我国正处于传统化思维模式的转型时期，这种思维模式的特点是：当理论和实践发生矛盾时，不是根据实践的变化来发展理论，而是把理论作为不可逾越的鸿沟，即片面夸大传统的作用或把经验传统化，不能用现代社会的民主观、科学观、发展观、政绩观、人本观、竞争观、效益观、服务观等指导决策，导致决策失误。

（2）法人信息准确性、完整性难以保证，信息处理单一化。准确、全面、可靠的信息是实现最优决策的关键，然而，政府在决策过程中，决策者以及辅助决策的专家所获得的法人相关的资料、数据、消息、情报等信息往往是不完全的，影响科学决策。造成该问题的原因有三个：第一，由于信息处理技术落后，对决策所需的基础数据收集或统计机制不完善，决策时无法收集到相关的法人基础信息。第二，传统的政务信息传递渠道单一，完全依靠政府内部各组织，一些干部不讲真话，对信息有选择性传递，这样很容易造成信息信道阻塞或信息失真。第三，由于政府对相关信息垄断，或者传递失真，或者习惯于传统的保密思维运作方式，政府信息的公开程度、公开范围都由政府说了算，造成决策信息的不完整、不准确、不可靠。

（3）面向法人的决策权力缺乏监督与制约，决策监督形式化。没有监督的权力必然导致腐败。面向法人的政府决策一般涉及重大社会事务和公共利益，所造成的社会影响及涉及的范围和程度是其他社会团体决策所不能比拟的。因此，政府决策的权力必须加以监督与制约，才能充分保证决策的科学性与民主性，才能保证决策的有效性。尽管我国政府监督部门不断努力，建立了比较齐全的内外监督体系，但从实际的运作状况看，还存在许多亟待解决的问题：各个监督机构都依附于业务部门，业务部门的需求作为监督的内容，很难有效、全面地监督法人的经济社会活动；决策中枢层的监督机构很难对领导实行有效监督，尤其是在行政领导决策权扩大和强化的情况下，没有设立必要的制约权力的机构；人民群众对政府决策的监督作用很难发挥；社会舆论与大众传媒对政府决策的监督还不十分有力。

法人库建立了分散在不同部门、不同机构的海量数据资源，但由于各级政府部门实行信息化建设的规模和程度各不相同，各个数据库管理信息系统对数据的存储格式也不尽相同，如何整理和归并各种形式的法人数据，有效地为政府决策服务，仍然是关系到国计民生的问题。

法人库数据资源要为政府决策提供有效支持。如何解决不同部门和机构的信息交流、决策经验、专家意见等信息的有效获得和正确取舍就成了一个必须面对的问题。政府决策支持功能就是要整合各级部门间法人的相关数据资源，加强和促进各部门之间的信息共享和交流，并通过对这些数据进行实时、动态的综合处理和分析，主要为政府制定全局性宏观决策提供科学依据，为领导决策提供服务。政府决策支持涉及的关键技术主要会用到数据仓库技术、数据挖掘技术、在线分析处理技术和决策支持技术。

以法人库数据资源为基础，通过对这些数据进行加工和处理，才能动态地跟踪真实、准确、一致、权威的法人信息，能为政府对法人的联合监管和为市场提供决策服务。因此，我们应将法人库数据资源整合利用作为头等大事，有效、高效地利用法人信息资源，提高政府决策的科学性，使得决策既有理论研究的支撑，又有决策前的缜密论证，避免发生决策失误，或者出现执行上的困难，或者不得不朝令夕改，保持政策的稳定性和连续性。

3. 应用方式

掌握、分析法人库数据资源，其目的是交换和共享法人库存储的法人单位基础信息。实现信息资源共享和法人单位基础信息的动态更新，必须建立跨部门的语义共享。法人单位基础信息是法人库运行过程中产生的法人数据信息，是电子政务领域对法人单位实体的标准化解释和概念化说明，是对法人单位客观本质的规范化抽象。各部门业务系统之间对法人单位实体信息的描述都各不相同，为法人基础信息的交流和共享带来了障碍，为了促进跨部门系统间的语义共享，实现数据资源的整合应用，法人库必须建立法人单位基础信息语义映射服务。

《关于加强信息资源开发利用工作的若干意见》中对"法人单位基础信息库"建设做出了明确说明："建设以机构代码为唯一标识的全国法人单位基础信息库。"因此，语义映射服务主要为不同管理部门的应用系统提供法人单位基本属性标识对照表，实现法人基础信息跨库检索，即建立组织机构代码与其他系统标识符的映射表。语义映射服务通过赋予数据和信息规范的、定义良好的语义，可以使不同应用系统之间能够相互理解对方对法人单位基本属性的信息描述，它赋予数据库模式规范的、可共享的语义，从而协调数据库模式之间语义的异构性，实现一个由大量机器可以相互理解的数据所构成的分布式法人单位信息体系，以支持各应用系统之间实现在无人干预下的业务协同。提供不同应用系统之间法人单位基础信息的自动映射，接受索引服务、查询服务等其他服务的调用，并支持各门户、各系统间在实体层次上的联系，以使系统能够动态转发用户对法人单位信息的查询请求。

法人单位基础语义映射服务作为数据转化中间件，提供静态方式的映射服务，其流程如图7-6所示。当客户端向法人库发起查询请求时，以法人库为索引查找有关法人单位的信息内容，并转换成目标部门业务管理系统可识别的数据格式；向目标部门业务管理系统发起查询请求，待目标部门业务管理系统查找到并返回结果时，法人库接收并转换成用户系统支持的数据形式，以支持用户系统对结果的处理。

二、法人库服务资源在政务管理中的应用

在法人库数据资源应用的基础上，为实现构建服务型政府，实现政务组织结构和工作流程的优化重组的目标，建立法人库服务资源是政府管理方式的重大变革，法人库服务资源对政务管理起着举足轻重的作用。

在政务管理过程中，政府部门的日常事务处理总是与其业务流程联系在一起的，政府发展到一定程度，内部往往会产生出繁杂的工作程序，这成为影响政府工作效率提高的"减速器"。随着社会信息化进程的加快，电子政务将成为未来政府管理的主流模式。政务流程的分析和优化是政府实施组织和技术再造，成功地向电子政务模式转变的关键。业务流程（Business Process）是指为完成某一目

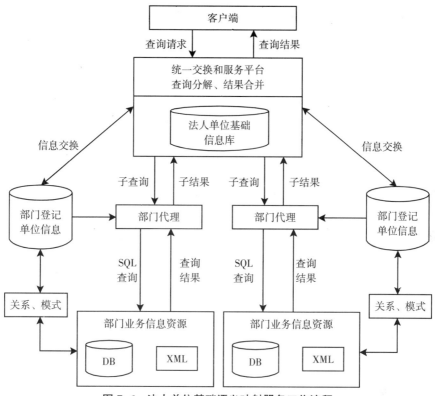

图7-6 法人单位基础语义映射服务工作流程

标（或任务）而进行的一系列逻辑相关活动的有序集合。政府的业务流程即政务流程，它是指政府为服务对象提供特定服务或产品的一组相关的、结构化的、有清晰输入和输出的活动集合，是指一组相关的、结构化活动的集合，或者说是一系列事件的链条。这些活动集合或链条为特定的服务对象提供特定的政务服务或产品，这个流程有起点、有终点，并且有目的。

在法人库建设中，法人单位基础信息在政府部门间的运用，将大大提高政务管理流程的速度、效率和准确性。由于影响行政运行效率的主要因素往往是政府职能条块分割、行政管理成本太高、流程周期太长以及基本流程结构不适应政府信息化的要求等，这些问题都存在于具体流程之中。在法人库服务资源应用于政务管理的过程中，首先必须厘清法人库应用的基本流程，而流程中的法人信息分布在不同的管理机构，普遍缺乏协调力度，影响了法人数据的数量和质量，也影响了法人单位基础库的准确性、完整性和权威性；各个管理机构职能条块分割，标准不统一，内部系统之间也缺乏能够相互关联的信息标识，使得法人基础信息冗余等问题出现，因此，法人库建设必须针对具体问题分析原因。例如，法人信息的查询服务，由于没有权威的法人信息管理部门，法人信息分散而不全面，使查询的流程被分割得支离破碎。因而，改造现状不仅要设法提高各职能部门之间的信息共享，更要从整体优化的角度彻底根除那些不必要的职能分割。

1. 服务对象

法人库的服务资源包括如下对象之间的信息交换：中国政府机构之间、中国政府与社会公众、中国政府与企事业单位、中国政府与其他国家政府和组织。

中国政府包括中央政府部门及其代理机构、地方政府，以及范围更加广泛的公共部门，如非职能部门的公共实体、国家卫生署。那些管理职能发生转变的管理机构也通过下文所描述的机制而被囊括其中。中国政府旨在促进互操作性的法人库标准体系也同样适用于港、澳、台及其他地区，以便加速政府现代化议程，并进一步提高政府的公共服务水平。中国政府内是可以互操作的。从港、澳、台的部门产生的标准也能够包含在这些标准中，如果必要的话，也包含在法人库中。

从应用对象来看，法人库的用户包括政府部门、企业和普通公众等各个层面。对政务管理而言，政府部门当然是其首选的服务对象，其出发点是基于法人库的索引功能，为工商、税务、海关、贸易、交通、质检、药监、环保、劳动人事、公用事业、公安、法院、银行、证券、保险等有关政府部门及其工作人员开展针对单个组织机构的单项或多项指标的微观监管和针对本部门业务的行业管理提供最为简便也最为有效的操作工具。

2. 服务方式

通过信息技术手段，法人库中的服务资源除可以支撑各级政府部门开展法人联合监管工作外，也可以保障一部分法人数据能在各部门之间正常流转，使总能获得及时、全面、准确和安全的法人单位基础信息。

目前，我国法人相关政府部门都是物理隔离分布的，根据跨政务部门交换法人服务信息的普遍需求，应在交换域内构建交换体系系统结构的参考模型，并以此为服务资源的应用提供了几种可选的服务方式。在当前的交换应用中已经被证明行之有效的主要有两种交换体系，第一种是点对点交换体系，第二种是中心交换体系。信息交换是计算机网络环境下的一个基本信息处理功能。由于政务业务的复杂性，形成的交换应用也比较复杂，因此，需要通过不同的交换模式适应多种应用的需求。

（1）点对点交换体系。法人信息资源分布存储于各业务信息系统中，信息资源提供者和使用者通过交换服务实现两者之间法人信息资源的定向传送，如图7-7所示。

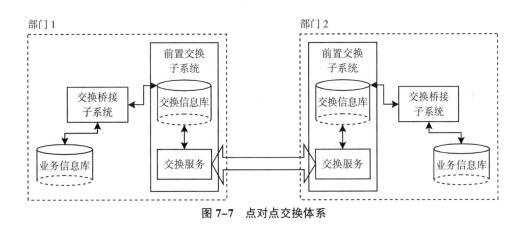

图7-7　点对点交换体系

（2）中心交换体系。法人信息资源分布存储于各业务信息系统中，信息资源提供者和使用者通过访问法人库实现信息资源交换，如图7-8所示。

法人政务信息资源主要来自各政府部门的信息系统，采用中心交换模式建立交换体系，而交换技术体系系统结构以政务服务网络为基础，目的是构建跨部门的交换体系，实现信息共享、业务协同，解决异构系统的互连问题，具有系统构建灵活、可扩展性好等特点，它使得政务资源使用者能通过法人库这一中心平台轻松查找到需要的法人信息服务并进行连接，能很好地解决信息实时交换、信息适配和信息安全等问题，提高了跨部门应用的有效性和可用性。

3. 政务定制服务

我国各级政府机构正处于向全社会提供高效、优质、规范、透明和全方位的服务，全面实现政府职能从管理型向服务型的转变期。但在这种转变的过程中，却越来越难以适应电子政务发展的新变化和更高的要求。

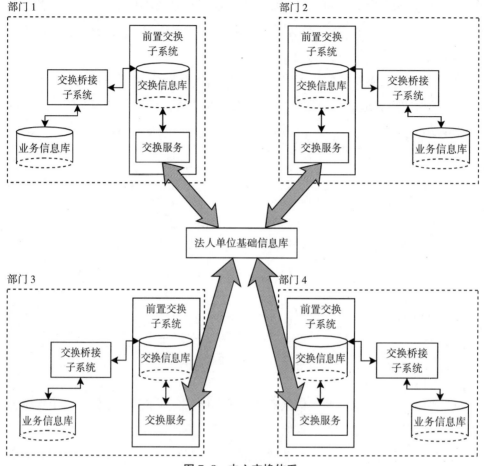

图7-8 中心交换体系

法人库的服务资源可通过网络被访问，使得其他政务部门在构造自己的应用时可利用的计算资源更丰富。如何按需、有效地利用服务资源成为法人库建设中的难点问题之一。

在动态追踪研究政务需求及相关市场的同时，可充分运用法人库丰厚的信息资源，针对服务对象的不同需求提供定制的法人服务，全面满足服务对象个性化的服务需求。法人库的服务资源主要包括面向部门机构提供服务和面向公众提供服务等。而法人库服务资源在政务管理中的应用主要针对 G2G 的模式进行研究阐述，即面向部门机构提供服务。

为了实现法人库服务资源面向部门机构提供服务的目标，可以根据 PDCA 模型建立的法人库服务资源应用模型，实现政务业务流程的管理，能根据不同管理过程及时对服务管理体系进行评估，持续改进服务模型，改变了原有法人库粗放型甚至无统一管理的模式，变被动提供服务为主动提供，有效地提高了服务质量，改善了法人注册及登记部门的整体形象，提高了业务部门的满意度，促进了法人库在政务管理中的应用，提升了法人库服务资源的管理水平。

业务流程是政府组织提供服务过程中的重要部分，只有通过流程化、规范化和最佳实践，才能解决政务需求和专业化的问题，提高电子政务的服务效率。在法人库服务资源应用模型实现的过程中，通过应用需求定制实现个性化需求表达，具体过程如图7-9所示。

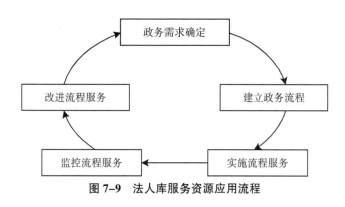

图7-9　法人库服务资源应用流程

（1）政务需求确定。随着政务管理从管理型向服务型的转变，政务流程也从单向流转向一体化流转转变。在政务服务的定制中，应该将政务服务需求作为一切工作的基础。它是流程的导向，是服务资源提供服务的基础，政务应用的需求应该被确定为实际工作中任务下达、处理、分解、反馈等多种复杂的流转情况的方向标。根据业务需求、客户要求和服务提供者的方针，确定政务需求，这样才能产生政务业务流程。

（2）建立政务流程。法人库系统的建设，不能在部门和地区内部按照行政机构的组织和要求实施，否则容易加剧部门条块分割和管理维护系统上的难度，形成"信息孤岛"。应当以政务为单位，在确定了政务需求以后仔细梳理政务流程，在当前政府政务和应用系统现状的基础上，正确服务管理体系目标、计划等必要流程，应考虑到跨地域、跨部门统筹规划建设，从而为政府部门流程再造、管理创新和机构重组提供机遇。此外，在信息垂直化流动的基础上，也应重视不同部门之间的横向系统接口和信息共享问题。应围绕政务部门的需求和选择来发展和提供服务，首先满足的是数量最多的部门最普遍的需求，如法人身份校验、基本的信息获取等内容。这样有利于迅速扩大法人信息的影响力，获得部门对法人库的认可和支持，为进一步的纵深发展扫清障碍。

（3）实施流程服务。在清晰的政务流程指导下，实施和运行服务管理体系以及服务的过程，通过法人库的目录服务选择合适的政务服务资源组合实现流程的功能。通过主动地预先收集、积累、分析重要的服务资源信息，积累丰富的资源财富，以此快速地对政务需求做出反应，组合有价值的服务资源，充分体现了服务的主动性、预见性和时效性。

（4）监控流程服务。根据法人库应用的服务管理体系计划、方针、目标和需求，监控和测评服务管理体系、过程和服务，并形成结果报告，为改进政务管理提供更好的依据。

（5）改进流程服务。根据结果报告持续改进服务管理体系、过程和服务的绩效，通过封装服务，逐步淡化部门职能的概念，借用自计算机网络领域，使得其他部门不用详细了解政府内部错综复杂的部门和业务职能，政府内部对其他部门来说就像透明的一样，它们只要将需要处理的事务统一提交一个需求，就可以安心等待处理结果，不用费心事务的处理需要经过哪些流程和部门。

通过以上步骤可以实现应用需求定制，实现个性化需求表达，使得法人库服务更个性化。围绕政务部门的需求和选择来发展和提供服务，服务类型主要分为两类：一类是针对法人信息本身的应用，主要是指法人库向其他部门或机构提供法人信息的应用服务，如法人身份校验、法人基本的信息获取等；另一类是特例化的应用，主要是指通过法人库来实现其他应用服务，包括法人诚信查询、综合治税等专项政务工作。

这两类应用服务有效地利用了法人服务资源，并推广了法人服务资源的应用，更重要的是法人库特例化的应用重新分析了政务部门的政务活动，再造了政务流程，达到了简化优化政务流程的目的，使得烦琐复杂的应用简单易实现，缩短了管理链条，使权力重心下移，保证了外部需求得到快速反应。

此外，要为法人库基本运营构建支撑层组织。这里的支撑层主要是指除了技术层面服务以外的其他服务资源，具体是指政务部门的一些服务性职能管理部门，这些部门需转变思想观念，变职能管理为服务保障，在继续行使管理控制职能的基础上，更多地承担起为法人库的基本运营层提供人、财、物支撑服务的职责。

第八章　法人库标准体系对电子政务管理的支撑

由法人库政务资源的应用分析可知，要实现资源的有效应用，法人库政务资源标准化势在必行。实施标准化是法人库信息化建设的重要技术手段，是规范政府服务和社会主义市场经济行为必不可少的技术条件和管理要求，是法人库应用于政务管理的必经阶段，也是有效利用法人库信息资源的重要举措。因此，法人库政务资源标准化对法人库在政务管理中的应用意义重大。

法人库政务资源在政务管理中的应用是按照统一的标准和规范，为支持跨部门、跨行业、地域间、层级间信息共享、应用集成与业务协同而建设的。其总体思路由服务模式、技术架构、信息资源和运行机制四方面组成，服务模式是支持各部门之间的信息共享、应用集成、政务协同和公共服务的技术方式。技术架构是由支撑服务模式的技术体系、安全体系以及技术标准等组成。信息资源是跨部门交换的信息与数据以及指标体系。运行机制是支持交换体系有效运行的机制、措施和管理规范，包括安全体系。前面章节已经对服务模式和信息资源进行了详细阐述，由此可知，在总体框架中，服务模式是目标，技术架构是关键，信息资源是核心，运行机制是保障，它们构成了法人库政务资源应用的有机整体。

第一节　标准化目的

标准化是为了在一定范围内获得最佳秩序，对现实问题或潜在问题制定共同使用和重复使用的条款的活动，它包括制定、发布及实施标准的过程。"通过制定、发布和实施标准，达到统一"是标准化的实质。对于电子政务基础信息建设来说，各领域信息的标准化改造就是信息库建设的核心任务，不但具有特别重要的意义而且必须超前研制，以便保证信息库数据整合和信息交换服务系统建设的全面展开。同时，国家法人单位信息资源共享的标准化工作对于各地、各部门法人单位基础信息库的建设也具有重要的示范和指导意义，国家法人单位基础信息库建设的标准化将有利于推动国家与地区、城市空间信息基础设施之间标准的统一和信息的互联互通，对于全国各级法人单位信息基础设施的健康发展具有重要的现实意义和影响。

实施以组织机构代码为法人单位唯一标识的法人库建设，有助于加快我国信息资源的开发利用，促进信息资源共享，满足政府、行业和社会公众对法人单位基础信息日益增长的使用需求，实现"统一标准，整合资源，保障安全，拉动产业"的目标。法人单位基础信息是国家电子政务建设不可或缺的基础信息资源，是统一和衔接各有关部门对法人单位的认定标准，是实现政府部门之间信息交换的重要桥梁。在各级政府部门逐步建立和完善标准统一、互为补充、相互共享且能适时更新的法人单位基础信息库，已成为国家电子政务信息化建设的重要基础工程。

通过建设国家层面的法人基础信息库，实现法人基础信息跨部门共享和利用，全面、真实、准确、一致、权威地反映法人在经济活动中的真实行为，从而加强各政府部门对法人社会行为的联合监管，并通过政务信息公开为社会提供法人信息服务，构建法人信用体系，保障社会主义市场经济的健康快速发展，构建社会主义和谐社会。

法人库信息系统的总体目标是："十一五"期间，围绕政府对法人联合监管业务的实际需求，以创新法人联合监管模式、开发利用法人基础信息资源、转变政府职能、服务社会为导向，依托国家电子政务外网，建成法人库网络系统，制定法人库标准规范体系，整合质检、工商、民政、编办的法人信息资源，建设一个全国统一、信息全面、准确一致、动态更新、真实反映法人现状，并能向政府部门和社会提供动态信息的法人单位基础信息数据库，并在此基础上建成法人库应用支撑平台及数据交换平台，为法人库提供动态数据更新机制，完成法人库应用系统的建设及推广，并建设信息安全体系，确保法人库的信息安全。

第二节 标准化原则

为了保证法人库及其应用系统建设的合理性、先进性及可扩充性，法人库建设必须以需求为导向，统一规划、分期实施、稳步推进。以法人库应用需求为导向，在现有信息管理和应用的基础上根据统一规划和标准确定信息内容和管理模式，在充分满足政府、行业部门及社会公众对法人单位基础信息使用需求的基础上，以质检、工商、民政、编办系统的法人登记管理业务库为信息来源，建设全国法人单位基础信息库系统，法人库的建设标准宜遵循以下几项重要原则：

一、针对性

一方面，法人信息库标准体系的设计必须以我国信息化建设需求为依据；另一方面，该标准体系的设计必须符合实际国情。由于法人库建设涉及质检、工商、民政、编办等多个政府部门，而且要从各部门的业务管理数据库中抽取法人基础信息，不仅要为政府各部门服务，加强各部门间对法人的联合监管，保障国家财政收入、减少税收流失、维护金融秩序、防范金融危机等；而且要促进政府职能转变，面向社会，公开政务信息，服务公众，使社会公众享受到安全周到、方便快捷的服务，因此，必须在统一规划下建设，遵循统一的数据标准及技术体系。

二、系统性

标准体系应重视标准之间的相互制约关系，与国际标准和国家标准接轨，并运用层次结构和过程结构的方法具体刻画各标准之间的联系。坚持以信息化建设促进政府职能转型的推进，以政府职能的转型保障信息化的进程，两者同步发展。最大限度地保护现有国际、国家标准，为了充分利用各部门现有资源，使现有资源发挥更大作用，应坚持逻辑集中、物理分散的原则。物理上，各业务系统和数据库分布在各部门；逻辑上，系统互联互通，实现信息资源共享。

三、协同性

标准体系的建设必须与其他标准体系和我国信息化建设标准规范保持一致，应认真贯彻"积极采用国际标准和国外先进标准"以及"有国际标准，采用国际标准，无国际标准则采用国家标准"的工作方针，如果无国家标准应积极起草和制定相关的国家标准。在建设过程中，要充分利用现有资源，发挥各级政府部门的积极性，始终坚持联合共建的原则，实现互联互通，促进最广泛的资源共享，避免重复建设。

四、安全性

统一安全标准、统一目录体系、统一交换标准，保障系统互通与安全。法人库具有信息量大、可靠性要求高等特点，要求系统必须遵循国际标准，具有可共享性、可扩充性、可管理性和较高的安全性。因而要正确处理发展与安全的关系，重视网络与信息安全，逐步形成网络与信息的安全保障体系，综合平衡成本和效益，加快制定并贯彻执行统一的法人库业务及技术标准规范。

五、前瞻性

法人库是一种战略资源，其主要的价值和风险将体现在未来时间，法人信息库的建设必须考虑到各种标准的变化趋势及我国信息化建设的未来需求。因此，为了适应日新月异发展的计算机及网络技术，标准规划必须考虑易开放性与可扩充性，为今后的技术发展、扩充与升级留有足够的余地，以最大限度地保护投资。

在法人库政务信息标准化建设中应坚持引用和开发相结合的原则，关注国际信息标准的发展，等同、等效应用国际标准，宣传贯彻国家标准和行业标准，积极开发和研制新标准。加强法人库建设工程中标准化实施情况的审查工作，对重要技术标准进行符合性测试。

第三节　标准化总体思路

我国各级政府部门规划和建设各自的电子政务系统工程，在很多方面取得了显著的阶段性成果。电子政务建设的目的就是利用信息化手段，达成自上而下的业务标准和业务资源的统一，实现数据自下而上的快速准确汇集和业务自上而下的高度协同。

从我国电子政务建设发展状况来看，政务信息资源的标准化建设作为电子政府建设的基础条件势在必行。借鉴西方经验，结合我国实际情况，我国政务信息资源标准化建设可遵循"以标准化体系建设为龙头，配套服务整体跟进"的总体思路，在规定路径上整体实施。建立法人单位基础信息库标准体系是国家信息化建设的重要技术手段，是国家法制建设的基础，是规范政府服务和社会主义市场经济行为必不可少的技术条件和管理要求，是促进法人库政务资源开发利用的有效手段。为此，法人库领导小组办公室组织法人库共建单位向国家有关管理部门申请了国家公益性专项研究《法人单位基础信息库标准体系研究》课题，课题项目于 2007 年 11 月正式批复，目前研究资金已全部到位，研究工作已全面展开。

GB 3935.1《标准化基本术语第一部分》和 GB/T 13016《标准体系表编制原则和要求》给出的"标准体系"定义为："在一定范围内标准按其内在联系形成的科学的有机整体。"在"标准体系"的定义中，其内容可以简化为"表示一定范围的标准体系是一个由一定范围内的标准组成的系统"。

标准的研制始终是一项制约我国信息系统发展的薄弱环节，是一项政策性和技术性都很强的基础性工作。对于电子政务基础信息建设来说，各领域信息的标准化改造就是信息库建设的核心任务，不但具有特别重要的意义而且必须超前研制，以保证信息库数据整合和信息交换服务系统建设的全面展开。同时，国家法人单位基础信息整合的标准体系对于各地、各部门专业法人单位信息整合和共享服务平台的建设也具有重要的示范和指导意义，国家电子政务法人单位信息库建设的标准化将有利于推动国家与地区法人单位基础信息库之间标准的统一和信息的互联互通，对于全国各级法人单位基础信息设施的健康发展具有重要的现实意义和影响。

法人库标准体系是针对电子政务法人单位基础信息库项目建设制定的标准体系，是密切结合法人单位基础信息库信息改造、产品加工、网络交换和服务的实际需要和各技术环节来制定的工程性标准体系。法人库标准体系的建立为未来法人单位基础信息共享标准的制定指明了方向，总体结构上尽量科学合理、层次分明，并尽量做到适合国内法人单位基础信息资源开发利用的需求。体系表采用树形结构，层与层之间是包含与被包含的关系。本法人单位基础信息库标准体系框架共列入 6 大类 26 小类标准，如图 8-1 所示。

由图 8-1 可知，法人单位基础信息标准可分为通用标准、数据标准、应用支撑标准、技术支撑标准、管理与安全标准和资源服务标准 6 大类别，每一类别可根据具体情况再进行细分。本体系框架共列入 6 大类 26 小类标准，其中数据类、应用支撑类、技术支撑类和管理与安全类相互关联，并且依赖通用类标准；资源服务类是以上述 5 类标准为基础，是面向专门业务应用服务的法人单位基础信息标准。本标准体系框架具有可扩展性，是针对电子政务法人单位基础信息库项目建设制定的标准体系，是密切结合法人单位基础信息库信息改造、产品加工、网络交换和服务的实际需要和各技术环节来制定的工程性标准体系，可随技术的发展和应用的深入，不断调整和完善。

法人库标准体系是以电子政务标准体系为基础的，针对法人这个特定应用建立的标准体系，严格按照 GB/T 13016-1991《标准体系表编制原则和要求》中对于标准体系表的研究和编制提出的要求，因而，法人单位基础信息库标准体系编制工作做到了全面性、系统性、先进性、预见性、可扩充性等。法人单位基础信息库是国家电子政务体系的重要组成部分，电子政务的许多环节都存在着法人信息共享问题。法人单位基础信息库标准体系是对电子政务领域有关法人单位信息共享现有、应有和将要制定的一系列国家标准经过研究、分析以后进行科学合理的安排，形成一个技术先进、层次分明、结构合理、系统配套的框架，是我国法人单位基础信息共享标准化工作的基础。

建立法人库标准规范体系是法人库信息系统实现的重要基础工作。标准体系可以确保有效地开发和利用建设信息资源、开发信息技术，保障建设系统信息化

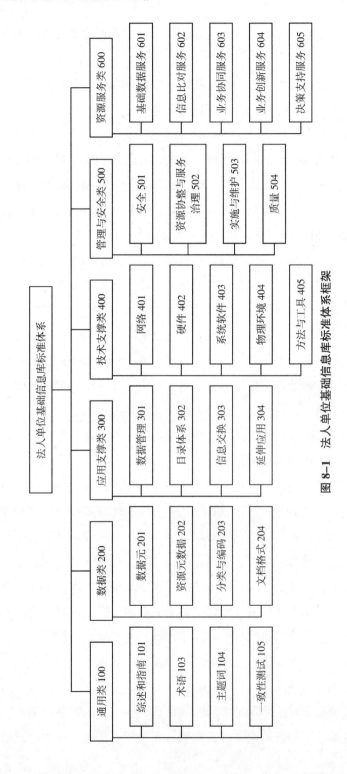

图 8-1 法人单位基础信息库标准体系框架

建设的优质高效，确保信息系统间的互联、互通、互操作及信息的安全可靠。

建立我国法人单位基础信息库标准体系，在各级政府部门逐步建立和完善标准统一、互为补充、相互共享且能适时更新的法人单位基础信息库，已成为国家电子政务信息化建设的重要基础工程，标准的建设刻不容缓。

在法人库标准体系表研究成果的基础上，资源服务类标准进一步扩展，逐步形成覆盖全面、及时准确的标准体系。资源服务类对象可分为政府部门和社会公众，由于对象的需求和内容不同，服务产品所遵循和待制定的标准也不同。在法人库政务管理方面，资源服务类应着力于解决法人库政务资源的问题。

法人库政务资源标准作为基础的信息标准，应该具备完整的覆盖面，"法人库信息"在各个部门信息共享中发挥基础平台作用，成为国家电子政务和社会信用体系建设服务的必要条件。法人库中的法人单位基础信息不仅是为政府和社会提供法人信息服务的基础保证，而且是政府的公共资源，是为国家和人民进行的一项具有历史意义的工作；使政府各部门对法人的监管工作更为流畅、更为规范，从各方面满足法人库的业务应用要求。因此，在制定政务服务标准的同时，要重点考虑与具体业务单位的协同标准制定工作，包括工商、税务、质检等有关政府部门。基础标准规范由法人库标准制定单位制定，相应的应用规范由使用方制定或参与制定。

第四节　支撑与共享技术

按照标准化目的和原则，以标准化总体思路进行标准建设，其成功的关键还必须有政府部门和相关责任主体的支持。政府的支持包括职能支持、政策法规支持。法人库最基本的功能就是要实现法人信息共享和交换。为了保障法人基础信息流转，支撑政务管理，实现法人单位基础信息采集、应用、交换、维护、服务的规范化、标准化和制度化，解决法人信息资源共享和操作规范的问题，最根本的就是要尽快建立有关政府部门之间信息流动最为必需的且需要共同遵循的相关技术标准和规范。

一、互操作性

互操作性是任何信息存在的意义。法人信息在政务管理中所发挥出来的作用主要是通过政务管理实践体现出来的。因此，各部门间的信息交换显得尤为重要。实现跨政府部门之间的业务互操作性的技术政策包括四个主要的应用领域：系统互联、数据整合、管理元数据和电子服务访问渠道。这只是为支持由政府提供的业务处理和服务、为整合政府部门内部信息系统而制定的最必需的标准规范。

1. 系统互联

系统互联是互操作实现的基本条件，通过网络将物理分离的法人信息资源，利用交换和路由技术汇集到网络指定的数据库，解决不同局域网的互联方案，从而实现信息资源系统间的互联。网络互联的技术政策和标准规范主要应满足：遵循特定的安全的邮件传输和邮件访问标准以保证电子邮件的安全性；信息目录标准及服务访问标准应按照国家电子政务的要求；政府 IT 建设项目应该遵守国家政府域名命名政策；将 DNS 用作 internet/intranet 的域名与 IP 地址分配解决方案；在政府内网内传输文件，应该采用 FTP；如果传输非常大的文件，应当重新启动和恢复 FTP；如果可能的话，以前使用终端模拟技术的地方，应该使用基于 Web 的技术；要求逐步地向 IPv6 过渡，维持与 IPv4 的共存。在今后的政府采购过程当中，如果成本核算的话，我们建议支持 IPv4 与 IPv6 网络的共存，以采购能同时兼容这两种技术的产品；在政府内部，为促进日益灵活的工作方式，对移动计算的业务要求越来越多，为此，将无线网络作为政府内部的网络应用。

2. 数据整合

在法人相关各政府管理部门业务系统采集到的法人信息数据的基础上，将这些数据通过整合的方式，制定法人基础信息数据。数据整合需要对数据进行组织和管理，可能会提供数据挖掘。一般分为本地数据整合和网络数据整合，本地数据整合随着网络信息服务的增加，数据会以指数级增长，单独的机构无法满足日益膨胀的存储开销，而网络数据整合的技术思路则能跨越这一障碍，通过建立统一的数据交换标准和接口，确保异构库之间的透明访问。业务系统的数据整合与数据交换的技术政策包括确定数据整合的规范、数据的模型化与描述语言、数据传输规范；W3C 的 XML 标准将是用于基于 XML 的产品与服务的主要的语言规范。今后将强制使用这些标准规范，并为这些标准规范的应用制定相应的指南。与此同时，还将应用 Schematron 来弥补 W3C 的 XML 标准的不足，能对现有的标准增加与地方相适应的特定业务需要的内容；XML 应该被作为表格数据录入的标准，今后将强制采用基于 XML 的表格作为标准，并为之提供最佳的应用指南，当前的应用指南需要利用 XML 交换表格数据。

3. 管理元数据

从海量的法人信息数据资源中，根据标准规范，形成法人元数据，在充分了解各部门的需求和业务特色后，调整元数据的内容和结构，能较大程度地满足各部门的应用需求。管理这些元数据，其目标是提升共享、重新获取和理解法人信息资源的水平，防止信息丢失或处于隐匿状态而难以被用户使用。建立适当的法人元数据管理的模型，各个政府部门可以依据业务需求处理元数据的行为特征，利用其作为指导，决定该部门目前所处的级别，以满足政府的信息管理与搜索的需求；鼓励各机构开发本部门特定的业务系统标准，排除那些不需要的元素、增加那些内在的要求；应该采用符合业务需要的规范对业务内容进行标识；应该根据 ANSI/NISO Z39.84 制定永久性的标识规范。

4. 电子服务访问渠道

各政务部门通过法人库提供的法人电子服务，在业务过程中方便快捷完成需要其他部门协作的应用，通过法人库还能准确定位与法人应用相关的各类法人服务，推动了法人信息的社会应用。电子服务访问与渠道政策包括计算机工作站；其他渠道，如信息亭、PDA 和 iDTV；移动电话；IP 视频会议系统；基于 IP 的语音系统（VoIP）；智能卡。今后，将根据这些渠道产品的市场开发情况修改和调整相应的标准规范。

二、技术架构

从互操作性层面分析出法人库目前亟须建设的标准，而构建法人库标准体系建设应该站在更全面、战略的高度，以加快推进信息化建设，抓紧推进电子政务，提高政府的经济调节、市场监管、社会管理和公共服务能力，促进政务公开为目标，这样才能使法人库持续发展。以服务为中心，使社会公众能得到更广泛、更便捷的政府信息和服务；以服务为中心，梳理和重组业务流程，使各个业务系统能够互联互通和资源共享，有效降低实施和运行成本；以服务为中心，加强评价和绩效体系，提高监管能力和公共服务水平。因此，法人库的发展需要以服务为中心的设计和方法指导，需要给出服务的业务模型和服务的评价模型，业务模型描述服务业务的可持续发展，不仅包括它的创建态，还可以包括其变化态和协作态，评价模型描述服务的评估态。这就是 SOA 提倡的方法论，这就充分说明了电子政务和法人库的可持续发展需要 SOA。

法人库政务资源在政务管理中的应用是按照统一的标准和规范，为支持跨部门、跨行业、地域间、层级间信息共享、应用集成与业务协同而建设的。我国各级政府部门规划和建设起"金税""金质"等专项业务系统工程，从某种程度上讲，能够自上而下地推进涵盖"部、省、市、县、乡"五个层次的纵向综合业务系统，本身就是 SOA 的一种体现，只不过此时 SOA 的设计仅仅是面向内部的、面向具体业务功能的，因此也是局部的 SOA。

在法人库建设中，为了保障法人基础信息流转，支撑政务管理，实现法人单位基础信息采集、应用、交换、维护、服务的规范化、标准化和制度化，在法人库互操作性标准规范的基础上，利用 SOA 架构思想构建法人库系统，是促进法人库标准体系在系统建设应用的必要手段。

法人库在政务管理中的主要应用模式是 G2G 模式，而 G2G 模式是以法人库向政务部门提供服务的基本组件为基础的，它是基于 SOA 架构系统中一些松耦合并且具有统一接口定义方式的组件（也就是"Service"，服务）组合构建起来的。接口的定义应该独立于实现服务的硬件平台、操作系统和编程语言，这使得构建在各种这样的系统中的服务可以以一种统一和通用的方式进行交互。法人库系统建设采用 SOA 模型思想，而 SOA 架构模型可分为 7 层，且层次之间都是通过 API 沟通的，如图 8-2 所示。

在 SOA 架构模型中不同的功能模块可以被分为 7 层：第 1 层为基础层，是法人库需要利用的信息资源，如其他各部门的业务系统提供的信息资源等。基础层用于采集法人库建设需要的信息资源各项指标的数据，并上传至组件层。第 2 层为组件层，这一层用不同的组件把底层系统的功能封装起来，即法人库利用服务资源的描述标准将信息资源封装成 Web 服务。第 3 层为服务层，是法人库系

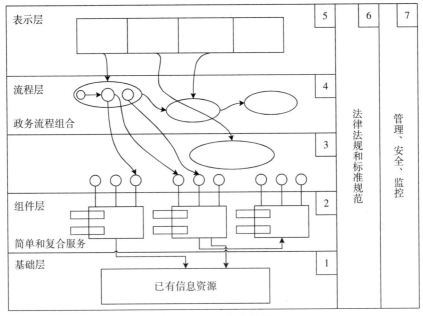

图 8-2　SOA 架构模型

统中最重要的服务层，在这层中要用底层功能组件来构建需要的不同功能的法人服务。第 4 层为流程层，在服务层之上的第 4 层就是流程层，在这一层可以利用服务层中已经封装好的各种服务来构建法人库系统中的政务流程，提供颗粒度更大的法人服务。第 5 层为表示层，主要用于向用户提供用户接口服务。以上这 5 层都需要有一个集成的环境来支持它们的运行，第 6 层中的法律法规和标准规范提供了这个功能。第 7 层主要为整个法人库系统体系结构提供一些辅助功能，如法人库管理、安全监控。该技术架构模型具有可扩展性，可随技术的发展和应用的深入，不断调整和完善。

法人库在政务管理中应用法人库服务的核心层主要集中在服务层和流程层：

第 3 层服务层是在政务管理中将法人库内部组件服务组合成法人库对外提供的不同的法人服务，法人库可提供查询、比对、跨部门业务协同、业务创新、决策分析等服务，可以将其视为一种新的具有自包含性和自描述性的 Web 应用程序，能提供从最基本的到最复杂的业务和科学流程的功能和互操作机制。法人库系统要对外提供服务，即在异构系统间进行互操作集成的公共标准机制，实际上，其关键之处在于标准化。这种用于交付"服务"的公共机制使得法人库的服务资源非常适用于实现 SOA。

第 4 层流程层是利用第 3 层服务层中已经封装好的各种服务按照统一的标准来编排、组合法人库系统中的法人库服务形成满足特定需求的政务流程,使之能提供颗粒度更大的法人服务。利用 SOA 的架构思想建设法人库服务,使得服务资源组合而成的服务与业务一致,使得服务资源能最大化利用。流程层所支持的业务流程管理是将软件功能和业务专业知识相结合来加速流程改进和促进业务创新的,通过建立并执行 SOA 开发与运行时的流程,最终实现 SOA。

政府管理与服务的行政创新发展要求政务部门为履行经济调节、市场监管、社会管理和公共服务职能,建立了大量跨部门业务过程,如企业基础信息交换、食品药品监管业务、社会信用业务、社会保障业务、环境保护业务等,这些业务需要多个部门共同参与完成,需要实现跨部门的信息共享和业务协同。从法人库应用项目的客观需求、建设目的和业务内容等角度看,以 SOA 架构模型为基础建立国家法人库系统,中央编办、民政、工商部门根据法人库系统的实际情况,负责建立一级或多级本部门的法人实体库。同时,国家法人库向实体库提供组织机构代码,作为法人库的标识。应用系统是法人单位基础信息库对外提供服务的具体支撑,法人库服务资源的应用主要能提供以下几类服务:

1. 基础数据服务

基础数据服务是法人库对外提供的最基本的服务,是法人库建设能够改善信息化应用系统的法人信息质量的服务,包括法人信息查询、法人信息统计等功能,各政府部门通过登录系统,可在法人库中多角度、灵活地检索法人单位,了解法人基础信息,掌握法人的社会行为,并能对法人信息进行多维度统计,形成规律性的数据报表,便于加强对法人的准确管理。为健全政府运作、决策制定和发展规划的需要,以高质量的法人基础信息为基础定制的基本服务。这里的法人基础信息具有准确性、完整性、一致性、时效性、相关性和有效性,是法人库对政务信息资源质量的主要贡献。

2. 信息比对服务

信息比对服务是将通过业务部门应用系统采集的基础信息与法人库信息进行比对,各部门在通过法人库使用法人单位基础信息的同时,通过法人信息核对体系,对数据不一致进行分析,挖掘产生信息不一致的原因,弥补法人单位的监管漏洞，并将本部门掌握到最新的、与法人库中不一致的法人基础信息反馈到法人库，通过比对、审核后，进一步完善、更新法人库的基础信息。这个服务是保证法人基础信息准确性、完整性、一致性、时效性、相关性和有效性的关键所在。

3. 业务协同服务

法人库服务资源还可以提供跨部门、跨系统的法人基础信息一致的、广泛的视图，同时提供遍及电子政务领域的法人基础信息的一致性使用，支持多个政务部门协同完成一个业务过程的技术方式。以政务资源信息共享为具体原则，根据政务业务流程需要，通过采用工作流等技术，将多个部门业务组成一个业务流程，各部门实现各自的业务，工作流实现业务信息按流程转发，并持续启动相关业务过程，实现跨部门的业务协同。这样既简化优化了政务流程，又加强了政务部门之间的资源流转。

4. 业务创新服务

法人库系统能够提供一个权威的法人单位基础信息访问接口，以提高法人基础信息访问的效率；为政府对经济监管、社会服务、决策制定等活动提供可靠的数据，提高政府应对变化的敏捷性。通过创建业务创新服务提高了风险管理能力，提高了政府改革效率，减少了改革时间和效率。

5. 决策支持服务

法人库对来自各部门的法人基础信息进行汇集，并通过数据挖掘，形成决策支撑服务数据，为党和国家在法人管理决策及经济制度决策时提供辅助决策支持信息服务。根据法人库详尽的数据资源可以支持政府管理层便捷地获取多种业务角度的全面分析报告，加深数据挖掘和透视，减少因法人单位基础信息管理不善（如基本数据定义缺失、编码规则不科学、缺乏有效管理机制等问题）引起的数据及报表的不真实性和紊乱，为减少数据分析及决策的隐患，提高政府部门业务职能和监管职能提供有效保障。

三、服务资源保障

由于在现行体制下，各类法人多部门注册，分属不同部门管理，而且各部门间没有法人信息共享平台，在法人基础信息制定方面，缺乏统一的标准规范，难以形成高效的信息共享机制。各法人主管部门目前的法人登记等应用软件中相同信息的定义、规则、编码方式和代码都各不相同，为法人基础信息的交流和共享带来了障碍。因此，亟须通过标准的建立来规范法人库建设，通过标准的建立来整合统一不同部门的法人单位基础信息，并实现信息资源共享和法人单位基础信息的动态更新，有效解决我国目前存在的"信息孤岛"问题。鉴于前几节对法人库标准化的研究分析，利用标准与技术能为政务管理打开一个管理和应用法人基础信息服务的新局面，使各行业法人主体的基本情况进一步透明化，有利于从宏观上对国民经济进行调节，也有利于社会的安定，从而保障政府职能转变的顺利进行。

法人库信息资源主要为政府、企业、公众提供法人服务，整合各类法人应用资源，是政府管理方式的重大变革，是法人库信息资源在信息化管理中得到充分利用的表现，为全面掌握准确、一致、及时、动态的法人基础信息，促进资源节约和高效开发利用等提供了重要依据和技术支撑，为整合各类法人应用资源提供访问机制，为政务资源管理工作提供了现代化的手段。

为确保法人库在政务管理中的应用，为确保所设计的每个功能基于 SOA 的实现方式都能提供真正的业务价值，可以利用标准规范帮助实现相应的技术，从而实现每个功能所定义的业务价值。具体步骤如下：

1. 服务创建

服务是自包含的可重用软件模块，各自执行特定的业务任务，它们具有定义良好的接口，独立于所运行的应用程序和计算平台。从头创建灵活的基于服务的业务应用程序，新的面向服务的应用程序将业务行为作为服务公开。这个过程需要统一的服务创建标准来约束服务描述，通过服务创建实现 SOA，法人库能通过大幅度使用经过验证和测试的常用功能代码，缩减维护开销。简化了重用现有资产、访问外部服务和创建新服务的工作，从而能更快地为法人库的业务带来实际好处。启用服务的现有资产法人库可以创建服务的一种方式是对启用服务的现有资产使用称为间接公开的技术。

2. 服务连接

无论何时何地使用何种工具，都能使用中间层服务网关或总线让各种应用程序访问核心服务集，从而通过无缝的消息和信息流将企业的人员、流程和信息连接起来。法人库已将现有 IT 应用程序作为服务公开，并通过访问外部服务和创建新服务来弥合差距。现在要将这些服务彼此连接，甚至连接到整个政务管理过程中。这将通过服务连接的实现来完成，这个过程需要统一的服务连接标准来建立，法人库将通过服务连接实现 SOA 连接性，从而实现自主构建的或传统连接性方面的成本节约，通过扩展 IT 资产（而不是重复构建），可消除冗余性，通过新业务通道和设备公开相同流程，可提供安全而一致的用户体验，通过基于服务的托管，可连接增强业务合作关系。法人库将通过实现企业服务总线（Enterprise Service Bus，ESB）在其系统中实现连接性；ESB 能提供所需连接性，而且其成本低于传统连接性的实现成本。通过 ESB，可以安全而且可扩展的方式连接到整个外部和内部基础设施。

3. 服务交互

法人库设计的业务流程需要添加 Web 门户来更好地为客户服务，从而让法人库向政府部门或社会公众宣传和销售法人库服务产品。为了完成此工作，法人库必须按照统一的服务交互标准来实现高级 ESB 功能。通过服务交互，将加速业务流程的操作和减少 IT 成本；在创建新功能和应用程序时，节约时间和资金；法人库可以更好地保持法律法规的遵从性和安全性。交互服务还可通过将这些服务聚合为视图，以交付信息并在业务流程的上下文进行交互，从而提高人员的工作效率。

4. 服务组合

法人库通过服务统一的服务组合标准，通过一组角色、方法和构件保持业务设计建模和 IT 解决方案设计的一致，以提供一组供优化的显式业务流程和用于组合及集成的服务。

5. 服务管理

法人库通过统一的服务管理标准对服务进行发现、监视、保护、供应、更改和生命周期的管理工作，法人库将实现更多的信息使用量；法人库也可以更好地认识各种机会和获得更多的法人信息；法人库还可以对内部流程进行革新，从而提高客户满意度和减少开发成本。

通过以上过程的实现，为服务资源在政务管理中的应用提供了有效保障。具体在应用中，通过统一的标准描述不同法人信息管理部门提供的服务，以 Web

Service 的方式呈现在部门前置机或数据库上，这些服务可能是单独的一个应用，也可能是多个应用组合而成的应用。因此，还必须将多个 Web Service 组合到一个新的复合服务（或称业务流程）中，可利用 BPEL4WS（Business Process Execution Language for Web Services，面向 Web Services 业务流程执行语言）通过组合、编排和协调 Web Service 自上而下地实现 SOA。

法人库信息资源在政务管理领域的应用中，为了整合法人相关应用资源，需要首先明确提供这类应用资源的服务单位和服务所属的领域，并结合部门的政务服务战略及所属领域服务需求的变化趋势，对应用服务内容进行选择。这样，就需要以法人各类应用资源做保证，与法人库政务管理相关的应用服务就需要各单位与法人库建设单位共同制定服务资源应用机制。

第五节　技术标准

在法人库建设这样一个庞大而又复杂的系统工程中，要按照国家和行业的标准化方针和政策，运用标准化原理，根据政府对法人管理工作提供法人信息服务标准的需求，确定所需的标准类目，摸清每类标准的具体内容，明确其所对应的国际标准、国家标准、行业标准，规划尚缺标准的发展蓝图，并对所需标准进行科学筛选、分类和组合，使之形成一个层次清晰、结构合理、体系明确、标准齐全的完整的信息化标准体系。

法人库政务管理应用就是要实现法人基础信息在政务部门间的正常流转，解决法人信息资源共享和操作规范的问题，依据服务资源整合应用的实际过程，根据标准化的目的及原则，分析得出需要建立法人库政务管理应用最为必需的技术政策和标准规范，包括：

一、法人基础数据规范

在法人基础数据规范制定方面，形成统一的标准规范。标准的缺失也是现有法人信息无法共享的重要原因。各法人主管部门目前的法人登记等应用软件中相同信息的定义、规则、编码方式和代码都各不相同，为法人基础信息的交流和共享带来了障碍。要使法人信息能自由流动，必须建立法人基础信息资源数据标准，并剔除重复的信息，保证数据能一数一源，避免由于分块管理的各部门在法人信息采集过程中因重复录入的信息出现冗余性、不一致性。预计包括法人基础信息数据元标准、信息指标体系（信息分类、指标编码标准）以及文档格式等标准。目前，已形成《法人单位基础信息术语》《法人单位基础信息数据元目录》。其中《法人单位基础信息术语》主要针对法人库术语涉及多领域、多学科的特点，在重点立足于法人库系统本身的原则下，确定术语分类结构包括政务（由组织机构、组织机构注册或登记、政务活动类术语组成）、信息（由数据元、数据及数据采集、交换、整合，共享数据源，信息核对，查询与检索，统计，数据管理类术语组成）、网络（由网络运行、网络安全类术语组成）、安全（由安全技术，涉密数据及剥离类术语组成）、相关术语（由与法人库相关的其他类术语组成）；《法人单位基础信息数据元目录》作为法人单位基础信息标准体系中一项重要的基础标准，侧重于从基础信息元的层次对法人单位基础信息进行描述，该标准参照 GB/T 19488 标准框架，按照国家标准对电子政务数据元描述方法的规定，在对相关国家标准和行业标准分析研究的基础上，确定了组织机构代码、机构名称、机构类型、机构住所等 11 项法人基本信息，注册或登记机构名称、经营或业务范围等 23 项法人基础扩展信息，并从名称、定义和数据类型等 20 个属性值对上述 34 项基础信息分别进行了规范和描述。

二、法人基础信息比对规范

法人单位基础信息来自多个参建部门的业务管理系统，为了保证这些信息的一致性，保证法人信息在各政务部门之间正常流转，必须建立信息数据的对应关系，即为参建部门的共享数据源进入法人单位基础信息库建立法人库数据元的信息核对规范。在信息核对规范指导下，发现的不一致数据及问题数据形成质量分析报告，反馈到相关部门进行完善与核实。各业务部门可以在此基础上分析出可能的漏管问题和非正常问题，加强监管力度。只有完整、准确的法人基础信息才能进入法人库，为信息共享提供基础数据源。目前，已经形成《法人单位基础信息核对体系》标准，该标准描述了法人单位基础信息提供单位的共享数据源进入法人单位基础信息库成为法人库数据元的信息核对规范，主要包括匹配信息入库规范（即质监、工商、编办、民政、税务、统计等部门的信息进入法人库）和不匹配信息处理规范（即不匹配数据返回到质监、工商、编办、民政、税务、统计等部门）等。

三、基础共享协议标准

由于各类法人多部门注册，分属不同部门管理，而且各部门间没有法人信息共享平台。为了保证各法人相关政府管理部门业务系统之间信息的一致性、准确性和权威性，还应建立有效的法人基础信息共享机制和信息更新替代机制，使得法人库能长期保持信息的权威性，并向各主管部门提供及时更新的法人信息，并可为这些部门提供除本部门能够采集以外的法人信息，充分利用法人信息完成部门的政务职能。要建立法人库这样一个信息资源流转共享的平台，必须在各参建部门间达成信息共享的协议，从而从政策和制度上保障和约束各部门间的法人信息资源的交流，进而保证法人库中法人基础信息的准确性和实时性，也为法人库管理提供了基础和依据。这样才能从根本上解决法人信息的部门化、属地化的问题，使得法人基础信息集中管理。制定法人基础信息共享协议，预计包括法人单位基础信息元数据标准、交换技术标准、目录标准、法人单位基础信息元数据管理规范等标准。目前，已形成《法人单位基础信息共享数据源》和《法人单位基础信息数据交换技术规范》。其中，《法人单位基础信息共享数据源》标准适用于对共享信息资源特征描述、对共享信息资源编目管理以及电子政务系统建设与数据共享服务。它规定了用于描述法人单位基础信息共享数据资源特征的元数据定义，构建了法人单位基础信息共享数据资源数据描述模型，元数据包括共享数据源的标识、内容、分发、数据质量、参照系和限制等诸多方面数据项，并从名称、定义和数据类型等属性值对元数据元素分别进行规范性描述。主要内容包括标准体例要求的必须部分、符号与约定部分、元数据定义、参考文献。而《法人单位基础信息数据交换技术规范》标准适用于法人库信息资源交换体系的开发者、建设者和其他与交换体系建设相关的人员使用，作为进行国家法人库信息资源交换体系设计与建设的技术依据。法人单位基础信息数据交换技术规范的标准规范体系的内容由以下几个部分组成：交换整体架构、数据交换实现的逻辑规范、报文格式规范、系统应用接口规范、数据交换安全技术规范、数据交换体系管理规范。其中，交换框架说明是总体性说明和纲领；逻辑规范、报文格式规范、系统应用接口规范是主体内容，数据交换安全技术规范和数据交换体系管理规范是保障。

四、法人信息资源协整与服务的标准规范

通过法人库的资源协整和政务服务，形成全新的政务管理应用模式。在法人信息资源协整应用的过程中，以资源服务类标准规范为基础获取法人信息资源，保证资源服务的正常提供与访问；以法人基础数据为基础，形成法人库内部组件服务，通过服务资源应用标准组合成法人库对外提供的不同的法人服务，法人库可提供查询、比对、跨部门业务协同、业务创新、决策分析等服务，这样的服务需要从最基本的到最复杂的业务和科学流程的功能和互操作机制。法人库系统要对外提供服务，即在异构系统间进行互操作集成的公共标准机制，实际上，其关键之处在于标准化。随着社会进步，经济发展和政务应用扩大，越来越多的政务活动需要与其他部门的互动协作及为其他部门和社会提供法人信息服务。法人信息资源协整与服务的标准规范建立，使得各部门不再延续"鸡犬之声相闻，老死不相往来"的管理模式成为可能，政府能充分利用标准规范来统一记录法人在社会经济生活中的社会行为，减少监管漏洞，同时，还能形成有深层价值的决策支撑服务信息，从而为政务管理提供更为全面的支撑服务。预计主要包括服务资源描述规范、服务资源应用规范、服务资源管理规范等标准。其中，法人库服务资源描述规范应规定使用何种公共标准机制定义法人库服务资源，按标准规范定义服务资源，提供单位、服务资源所属领域、服务资源的内容三个部分，使得服务资源在法人库中能建立规范的描述机制，其他部门可通过法人库查找到适合业务过程的服务资源；法人库服务资源应用规范应规定如何利用已经封装好的各种服务来编排、组合法人库系统中的法人库服务，形成满足特定需求的政务流程，使之能提供颗粒度更大的法人服务，包括查找、定位、调用服务资源的方法；法人库服务资源管理规范应规定法人库服务资源，涉及法人服务资源查找、定位、调用的过程中管理以及维护的标准。

如前所述，法人库的政务管理应用服务需要一系列的标准和规范做支撑，以

便实现政务应用的有效性和良性互动。这其中，政务管理相关的法人库应用标准及规范是最为直接的为法人库政务管理应用提供基础保障和实现手段的系列标准规范。这些标准规范在整个法人库标准体系框架中处于最末端，也就是在体系参考模型的最顶层，是建立在通用标准、数据标准、应用支撑标准等几类基础性标准之上的一类。也就是说，在遵循法人库建设运营相关底层标准基础之上，针对法人库的政务管理应用服务做出的标准化和规范化约定。

第六节　服务资源标准化应用实例

　　虚构法人库已经建成，它可以提供一个法人库基础数据类服务，该服务可提供法人相关信息。与法人库有关的部门包括税务总局、工商总局等部门，这些部门会直接应用查询法人库的基础数据类服务。以下将根据这个应用实例简单阐述法人库在政务管理应用中如何采用 SOA，如何通过协整服务资源实现适用的各个场景：

一、服务创建

　　以服务创建作为 SOA 的切入点，对法人库已有的现有资产进行重用。服务创建是帮助法人库进入重用切入点的场景，其中包含多个将帮助法人库实现此场景的实现。法人库可以创建服务的一种方式是对启用服务的现有资产使用称为间接公开的技术。例如，对于法人信息查询流程，法人库将其查询应用程序作为 SOAP (Simple Object Access Protocol，简单对象访问协议) /HTTP Web 服务公开 (作为会话 Bean 实现)。此方法使用 CICS 事务，可通过 CICS 的适配器进行访问。在这种情况下，使用者和提供者位于防火墙内。法人库还可以直接从头创建新服务。在这种情况下，法人库将需要建设的新服务作为 Web 服务公开 (实现为会话 Bean)。描述服务所需的 Web 服务描述语言 (Web Services Description Language，WSDL) 将符合 Web 服务互操作性 (Web Services-Interoperability，WS-I) 标准，包含应用程序适用性服务的服务定义和模式。此外，法人库还可以通过查找和使用其自己 IT 基础设施之外的服务来创建服务。法人库希望使用外部地址验证服务。为此，它们必须创建兼容 WS–I 和 JAX–RPC 的 WSDL 文件。考虑到提供者在防火墙外的情况，因此不需要网关。但需要使用共同认证的 SSL 实现安全性，客户机采用 Java 编写。

二、服务连接

此时，法人库已将现有 IT 应用程序作为服务公开，并通过访问外部服务和创建新服务来弥合差距。现在要将这些服务彼此连接，甚至连接到整个法人库。这将通过服务连接的实现方面完成此工作。

法人库将通过实现企业服务总线（Enterprise Service Bus，ESB）在其系统中实现连接性；ESB 能提供所需连接性，而且其成本低于传统连接性的实现成本，将能够通过 ESB 以安全而且可扩展的方式连接到整个外部和内部基础设施。服务创建和 SOA 连接性将为法人库提供更大的业务灵活性和稳固的基础，从而更便于进行更多的 SOA 项目。法人库将利用的三个连接性实现为：

1. 基于开放标准连接业务系统

法人库在业务方面的第一个需求是对所有信息在 ESB 中的传递情况进行建模，确定谁在何时需要哪些信息。ESB 对业务部门内的服务、应用程序和资源进行统一和连接，允许软件在不同平台上并行进行连接，并使用各种编程语言。通过使用这个基于标准的方法，法人库创建了一组 Web 服务来利用现有大型机信息，并通过 Web 提供对此信息的访问。ESB 将自动在中央服务注册中心查找关于法人库服务的任何所需信息。法人库还将实现自动化控制台来管理此信息流和确保正确工作。

2. 通过新业务通道交付现有流程

法人库配备了各种后台系统来支持法人信息查询。但其重新设计的业务流程需要添加 Web 门户来更好地为客户服务，提供机会使用手持设备等（例如，开发新业务通道将需要实现高级 ESB 功能，通过包含 ESB，法人库可以稍后在不对后台系统进行任何更改的情况下使用柜员机或手持设备），从而让法人库向其客户宣传和销售产品。为了确保一致的用户体验，法人库希望 Web 门户同样访问这些后台系统。

3. 安全地连接到外部的第三方和业务合作伙伴

最后，法人库需要建立网关，以安全地连接到其外部业务合作伙伴，如服务提供商。它们需要集中管理这些连接，以确保服务水平协议和策略的执行。为了连接到业务合作伙伴，法人库将使用 SOA 设备。插入的这个设备可提供法人库所需的安全性，以加速大额任务的处理，还将自动监视和管理这些交互，以确保合作伙伴交付所承诺的服务。

三、服务交互

法人库已创建了自己的 SOA 服务并将其彼此连接，现在要重点进行如何将这些服务向可能使用 PC、移动设备甚至语音响应系统访问这些服务的用户呈现的工作。继续其使用交互与协作服务场景通过人员切入点进行 SOA 采用的工作，可以提高应用程序和内容的使用率，还可以提供其对法人库管理内人员的可用性。法人库将实现以下方法，以实现服务创建场景：

1. 通过简单 Portlet 聚合和调用服务

法人库需要能让客户查询法人信息，以获取法人的基本信息。法人库希望提供服务来允许其他部门使用 Portlet 查看给定法人的所有方面并执行所有法人相关的活动。法人库使用输入框接口来输入客户法人组织机构代码请求。对此表单的数据提交操作会将数据提交到数据内容管理器并将提交通知放入数据库任务队列。Portlet 使用法人库的 ESB 对使用 DB2、Information Management System（IMS）和其他系统的服务发送 SOAP/HTPP 请求。

2. 基于 Web 的富应用程序作为 Portlet 部署在 WebSphere Portal 中

法人库改进其查询法人信息的体验。目前，它们在跟上所有应用部门提交速度方面存在一定的困难。它们必须不断地刷新法人信息检查页，以显示更多信息。法人库希望立即在页面上显示新请求，以便法人信息查询及时进行批准。法人库向数据库管理器申请 Portlet 添加了自动刷新的 AJAX 表示形式。检查页面由 WebSphere Portal 承载。申请 Portlet 是 JSR-168 Portlet，使用 Rational Application Developer 创建，其中包含特种类型的 Widget（包装使用 Dojo 工具集开发的 AJAX Widget 的 JSF 控件）。这些 Widget 发出对 DataPower XI50 设备的 JSON 请求，将请求转换为对 CICS 中承载服务的 SOAP/HTTP 请求。

3. WebSphere Portal 中的业务流程集成

法人库仍然对其查询流程不满意。法人库希望向其提交/审批流程添加实时流程流。它们决定将原始的硬编码工作流替换为 WebSphere Process Server 并构建 BPEL 流。新流程通过自动化流对提交进行路由分配，其中的路由决策由定义的人工任务决定批准或拒绝查询申请。得到的流程将使用 WebSphere Business Modeler 构建，并将使用 WebSphere Integration Developer 来正式化和部署这些 BPEL 定义，以与法人库的 IT 基础设施（包括 Tivoli Identity 解决方案）集成。新流程将自动更新法人库门户、DB2 Content Manager 的 Forms 存储区、后端 CI-CS 系统中的任务列表，并会发送可在 Lotus® Notes 中接收的电子邮件。

四、服务组合

法人库现在已经提高了其应用程序和内容的使用，而且其可用性也得到了改进。它们现在将着手处理如何修复现有查询申请流程的工作。当前流程太过复杂，开销大、耗时多而且难以管理。现在需要对此流程进行简化，通过服务组合实现控制成本、提高利用率、管理风险和提高客户满意度，它们可以依赖于业务流程管理（Business Process Management，BPM）场景来进行此工作。

业务流程管理是一个学科，将结合使用用于控制组织跨功能的核心业务流程的工具和方法。其重点是将整个组织的资源部署定向到能够实现客户机价值的高效流程中，从而实现战略业务目标。BPM 的核心原则之一是进行持续改进，从而不断地提高产生的价值和保持市场竞争力。

SOA 所支持的 BPM 允许对业务流程进行更改，而不用对基础技术进行再工程；同时，它还允许在不影响业务流程的情况下对技术基础设施进行更改。法人库可以通过以下方式利用业务流程管理场景：

1. 业务处理建模

为法人库这样的大型工程提供将其流程可视化并提供相应的决策点，这是流程管理的基础。通过建模这些流程，法人库可以标识其流程中的"瓶颈"、连接断开以及效率低下的情况。这样将能够快速地确定有待改进和实现自动化的区域。

2. 业务活动监视与分析

监视流程性能和检测可能会影响性能的事件的能力是法人库获得业务流程控

制的一个关键因素。它们可以使用软件来分析流程效率,从而将业务流程改进工作与其目标保持一致。可以将这些结果与仪表板结合,从而实现可视化监视,以实时方式改进各个工作项目的进度管理。

3. 流程执行与自动化（包括人工工作流）

法人库的大多数业务流程管理需要将基于人工的流程步骤与系统自动化步骤及信息流结合在一起执行。人工及人员到系统工作流的自动化为减少错误和节约成本提供了最好的机会。

五、服务管理

所有业务流程在工作进行过程中都会创建或使用信息,法人库当然也是如此。流程参与者需要能够创建新内容,同时还需要能够访问和利用现有内容。正确的时间有正确的信息可用,对于流程成功至关重要。

1. 规则

法人库努力提高灵活性的过程中,能够实时地更改规则对它们也至关重要。规则更改通常都是针对流程、应用程序或系统的操作部分。不过,也可以将规则应用于监视异常或业务流程或技术事件中的重大变更,或者用于指示需要针对预期或意外条件调整业务模型。

2. 协作

为了在不受参与者地域限制的情况下帮助法人库促进政务部门间合作,提高吞吐量和更改规则流程和规则方面的创造力,需要有与普及计算结合使用的协作功能。通过支持与较大的业务流程实现高度集成的组协作交互,可以大大提高工作效率。

3. 信息:作为服务的信息

法人库对配备了恰当的业务流程非常有信心。现在它们将对信息的收集方式、传播方式以及在政务管理内的传递情况进行进一步的分析。

通过整个虚构的服务资源标准化应用实例,充分说明法人库在政务管理应用中采用 SOA 离不开标准,根据这个应用实例表明协整服务资源实现各个应用标准必须先行。

目前,我国信息化建设取得了重大进展,但信息资源的开发和利用工作还远远滞后于网络基础设施和应用系统的建设，由于缺乏标准化工作开展，制约了国家信息化综合效益的发挥。但从信息资源开发利用工作的发展趋势来看，信息总量在不断增加，质量也在不断提高，社会需求十分旺盛，工作进展较快，如何建立行之有效的标准指导开发利用信息资源依然是日后工作顺利开展的根本保障。

第九章　法人单位基础信息库
研究的背景

第一节　法人单位基础信息库公共信息服务的
研究背景

我国自 1978 年以来进行了广泛而深刻的社会变革，政府公共服务逐渐成为当代中国行政改革和发展进程中的一项重大实践。当今世界已经步入信息时代，公共信息作为一种重要的战略资源，在社会发展过程中所起的作用越来越大，谁占有了信息，谁在收集、加工、处理和利用信息方面领先一步，谁就能在竞争中获得优势。为此，各国政府，包括中国政府都把服务的重点放在提供公共信息上。法人单位基础信息库是公共信息资源的一个核心，在这种形势下我们开展法人单位基础信息库公共信息服务标准的研究非常必要。

近年来，社会管理和公共服务已经成为我国政府部门和理论界研究的一个共同热点。有关这两个概念的讨论以及涉及的内容和范围非常广泛，涵盖了社会生活的各个领域和过程，从法制建设、收入分配到社会福利以及培育公民社会组织等几乎无所不及。以下两点是被普遍接受的共识：首先，政府是社会管理和公共服务的责任主体。研究认为，社会管理和公共服务是政府通过制定专门、系统、规范的社会政策和法规，管理和规范社会组织，处理社会事务，培育合理的现代社会结构，调整社会利益关系，回应社会诉求，化解社会矛盾，维护社会公正、秩序和稳定，孕育理性、宽容、和谐、文明的社会氛围，建设经济、社会和自然协调发展的社会环境的工作内容。其次，社会管理和公共服务主要是一个制定和实施社会政策的过程。无论是调节收入分配、提供社会福利，还是培育公民社会组织，都需要通过制定和实施社会政策来实现。

构建和谐社会，基本公共服务是政府要做好的一项重要工作。我国政府提出了基本公共服务均等化的目标，因此，在操作层面必须明确界定基本公共服务的内容。

基本公共服务是指建立在一定社会共识的基础上，根据国家经济社会发展阶段和实际水平，为维持经济社会的稳定、基本的社会正义和凝聚力，保护个人最基本的生存权和发展权，实现全面发展所需要的基本社会条件。

基本公共服务的三个基本出发点：一是保障人类的基本生存权，为了实现这个目标，需要政府及社会为每个人提供基本就业保障、基本养老保障、基本生活保障；二是满足人们的基本尊严和基本能力，需要政府及社会为每个人提供基本的教育和文化服务；三是满足人们的基本健康需求，需要政府及社会为每个人提供基本的健康保障。随着经济的发展和人民生活水平的提高，一个社会基本公共服务的范围将逐步扩展，水平也会逐步提高。

从我国的现实来看，可以运用基础性、广泛性、迫切性和可行性四个标准来界定基本公共服务。基础性是指那些对人类发展和个人发展都有着重要影响的公共服务，它们的缺失将严重影响社会的发展以及个人的发展。广泛性是指那些影响到全社会每一个家庭和个人的公共服务供给。迫切性是指关系广大社会民众最直接、最现实、最迫切利益的公共服务。可行性是指公共服务的提供要与一定的经济发展水平和公共财政能力相适应。根据上述判断，义务教育、公共卫生和基本医疗、基本社会保障、公共就业服务是广大城乡居民最关心、最迫切的公共服务，是建立社会安全体系、保障全体社会成员基本生存权和发展权必须提供的公共服务，这也构成了现阶段我国基本公共服务的主要内容。法人单位基础信息库信息内容是公共服务的基础信息资源的核心，因此，标准化的法人库信息资源是公共服务的基本信息保证。在这样一个大背景下，深入探讨法人单位基础信息库信息的公共服务标准问题，对构建社会主义和谐社会，促进社会公平正义，推进经济社会协调发展，有非常重大的现实意义。

第二节 公共信息、公共服务、政府公共信息服务概述

公共信息（Public Information）是指公共事务部门在运作过程中产生、收集、加工和传输的、涉及公共利益的信息，包括立法机关、行政机关、司法机关的公共信息和非政府公共部门的公共信息。

公共信息国外有代表性的定义出现在 1990 年美国颁布的《公共信息准则》中，《公共信息准则》将公共信息定义为联邦政府生产、编辑或维护的信息，且认为公共信息是属于公众的信息，为公众信赖的政府所拥有，并在法律允许的范围内为公众所享用。

公共服务是指政府、非政府组织为满足公众对公共物品的需求而生产和供给公共物品的职责、行为及其过程。通常是指建立在一定社会共识的基础上，为实现特定公共利益，国家全体公民不论其种族、性别、居所、收入和地位等方面的差异，都应公平、普遍享有的服务。

从我国当前所处的阶段看，公共服务包括外交、国防、基础教育、公共卫生、社会保障、基础设施、公共安全、环境保护、基础科技、文化娱乐和体育十个方面。

公共服务与经济发展水平、服务对象及其地域密切相关，如农村公共服务和城市公共服务中的内容上就存在着很大的差别。

而基本公共服务则指建立在一定社会共识的基础上，为实现特定公共利益，根据国家经济社会发展阶段和总体水平，为维持经济社会的稳定、基本的社会正义和凝聚力，保护个人最基本的生存权和发展权，所必须提供的公共服务。基本公共服务所规定的是一定阶段内公共服务应该覆盖的最小范围和边界，从范围看，应该是公共服务项目中基础和核心的部分。受特定阶段的制约和需求层次的要求，基本公共服务可以理解为各类公共服务和各类公共服务内部，各层次服务中最应该而且可以得到优先保证的部分。

　　从具体内容来看，不同的学者对基本公共服务的认识存在着一定的差异。一般认为，基本公共服务包括就业和再就业、基础教育、基础医疗卫生、环境保护、社会保障和公共安全六个方面。也有人将其划分为：①基本民生性服务，包括就业服务和基本社会保障；②公共事业性服务，包括基础教育、公共卫生和基本医疗、公共文化；③工益基础性服务，包括公益性基础设施和生态环境保护等；④公共安全性服务，包括生产安全、消费安全、社会安全、国防安全等。

　　另外，基本公共服务概念的提出，也与国家的发展目标及其施政导向有关。从我国的经济发展来看，一方面，政府管理从包揽一切向有限政府转变，在这个转变过程中，如何界定那些政府必须承担的职责是非常必要的；另一方面，以前在国家经济实力相对较弱时一些难以承担的职责，现在则应该主动承担起来。

　　中央在十六届六中全会通过的《中共中央关于构建社会主义和谐社会若干重大问题的决定》中，明确提出要"逐步实现基本公共服务均等化"，"以发展社会事业和解决民生问题为重点，优化公共资源配置，注重向农村、基层、欠发达地区倾斜，逐步形成惠及全民的基本公共服务体系"。中央的上述文件精神为加强公共服务建设提供了政策依据和工作指南。

　　自20世纪70年代末，政府再造推动的新公共管理运动风靡全球。在新公共管理理念支配下，西方国家纷纷提出要重新划分公共部门与私营部门、政府组织与社会组织的界限，转变政府职能，调整权力结构。同时，西方国家也积极探索政府管理的新模式，即利用市场和社会力量实行公共服务与公共管理的市场化和社会化；在政府内部进行改革，以提升政府的应变能力和服务能力。

　　20世纪80年代后期，西方国家公共行政改革将重点放在调整公共行政机构与公民的关系问题上。公民在公共行政中不再被视为管理的客体，而被视为公共行政的顾客，以"政府为中心"逐渐让位于"以顾客为中心"，提供服务是公共行政的本质所在。

　　2003年10月召开的中国共产党十六届三中全会首次明确提出将提供"公共服务"作为政府职能之一。温家宝总理在十届人大二次会议的《政府工作报告》中强调："各级政府要全面履行职能，在继续加强经济调节和市场监管的同时，更加注重履行社会管理和公共服务职能。"这表明中国政府的职能为顺应国际、国内经济发展和形势变化而积极朝着公共服务方向转变。

服务是政府职能转变的必然选择，主要是指政府职责和功能为适应客观条件的变化而发生的转换、变化和发展。公共信息服务是其中一项重要的职能，是政府职能的服务化，是近些年来政府职能转变的大方向。随着现代化的快速推进，全球范围内的竞争不断加剧，各国政府的功能目标从"管理"转向提供"服务"的趋势非常明显，即各国政府将其职能的重点放在提供公共服务上，需要政府来完成提供服务的职责。在当今信息社会，资源有效配置的一个前提条件是信息掌握的充分性，无论是提高国内市场对资源的配置效率，还是应对激烈的国际竞争，都要求政府能及时提供可以使本国国民在竞争和贸易摩擦中处于有利地位的信息。信息资源已成为经济全球化时代决定社会经济发展的重要战略资源，为提高国内市场资源配置效率、增强企业国际竞争力，各国政府都把基础信息设施建设服务作为一项重要的职能。因此，法人单位基础信息库建设是公共服务的一个信息基础，是当前政府职能转变需要重点加强的一个领域。

政府公共服务是指政府为满足公众对公共物品的需求而生产和供给公共物品的职责、行为及其过程，政府提供的法人单位基础信息库信息资源本身就是一种公共信息服务。

由政府主导的政府公共信息服务具有以下特点：

（1）权威性。这是由政府所处的地位决定的。政府公共信息服务的权威性来自政府握有的国家权力。

（2）有效性。政府的权威性确保了政府公共信息服务的有效性。如果由某企业或私人部门提供公共信息，其可信度将大打折扣。

（3）广泛性。政府活动涉及社会生活的方方面面，其信息来源之多、范围之广和内容之丰富是其他组织难以比拟的，各种政务信息、市场信息、科技信息和决策咨询信息等主要由政府调控。

（4）公共性。政府公共信息服务是政府公共服务中的表现形式之一，体现了政府的性质和目的，具有公共物品属性。

（5）共享性。政府公共信息服务的对象是所有合资格的公众（含个人和组织）。

依据不同的标准，政府公共信息服务可划为不同的类型。根据服务对象的不同，政府公共信息服务可分为面向政府系统内部的公共信息服务和面向社会公众的公共信息服务；按照提供公共信息服务态度的不同，政府公共信息服务可分为主动型公共信息服务和被动型公共信息服务；依据服务行为的不同，政府公共信息服务可分为政府公共信息收集服务、政府公共信息加工服务和政府公共信息传输服务等。当然，公共信息的收集、加工和传输是一项巨大的系统工程，它不仅需要信息源，而且需要对信息进行收集、加工、传输的各种设施。因此，公共信息服务设施建设也是政府公共信息服务的重要内容。法人基础信息数据库是国家电子政务基础数据库之一，标准化的法人单位基础信息库公共服务信息也是信息共享的保证，它的建设也属于基础设施建设。

第三节　电子公共服务与法人单位基础信息库存在的问题

国际与国内电子政务应用的经验表明，电子政务的应用蕴藏着巨大的社会效益与经济效益。首先，电子政务系统的建设直接促进了信息产业的发展，同时，由于电子政务提供的公共信息的快速流动带动了其他行业的迅速发展，带来了很大的经济效益。其次，电子政务的建设与应用不仅提高了政府的办公效率，而且提高了政府的决策品质与服务能力，产生的社会效益也十分巨大。电子政务已成为世界上许多国家公共管理和服务的重要支撑工具。据联合国经济社会事务部调查显示，全球90%以上的国家不同程度地开展了电子政务的建设。

电子政务应用的根本目标，是提高政府的工作效率与决策品质，最终促进公共服务水平的提高。政府应用电子政务提供公共服务，简称电子公共服务，是政府应用信息技术向企业、公众提供公共服务的新方式，是电子政务的核心应用之一。

电子公共服务作为公共服务的一种形式，首先具有公共服务的基本特征：

第一，政治性。公共管理理论认为，公共服务在本质上是政府的职能之一，是政治意志表达的一种途径。因此，政治性是电子公共服务的基本特征之一，它的应用可以提高政府的行政效率与服务水平，可以获得公众、企业用户的支持与拥护，有利于增强政府的政治基础。

第二，权威性。电子公共服务是依法行使国家行政职权的途径与方式，代表国家意志行使权力，是其另一基本特征。

第三，公平性。电子公共服务是大众化的服务，一般以一个地区为单位，向公民提供普遍性的服务，不像电子商务可以有选择地为特定用户定制服务。也就是说，电子公共服务对所有用户都是公平的。

第四，广泛性。电子公共服务的内容覆盖了政府的主要职能，包括税务、教育、人事、就业、公安、工商、体育、培训、社会保障、法律援助等。

第五，经济性。电子公共服务的经济性包括两个方面：一是政府提供公共服务的成本较传统模式低，在服务成本上具有经济性；二是用户获取公共服务的成本也较传统模式低。

第六，非营利性。电子公共服务的非营利性是区别于电子商务的根本特征，也是公共服务的基本特征，主要是为了保证人们能够持续地消费。比如，我国《行政许可法》明确规定，政府有义务向企业、公众、其他组织免费提供公共信息服务（除保密、商业机密以及个人隐私信息外）；对一些事务性服务，比如办理营业执照、身份证、结婚证等只能收取工本费。

第七，安全性。电子公共服务的安全性包括两个方面的含义：一是内容的安全性，即所提供的服务内容是权威的、准确的、未被篡改过的；二是过程的安全性，即要保证服务过程的稳定及参与人的隐私安全等。

中国基本公共服务存在着水平低、不均衡、体系建设滞后等突出问题，究其根源，都与基本公共服务制度存在一定程度的缺失以及缺乏政府基本公共服务绩效评价体系有关，就法人单位基础信息库的公共信息服务而言，存在的问题具体表现在以下几个方面：

第一，多部门注册管理。由于在现行体制下，各类法人多部门注册，分属不同部门管理，而且各部门间没有法人信息共享平台，因此，法人信息的部门化、属地化问题使得法人基础信息无法集中，造成资源的浪费、监管手段的缺失、企业交易成本的增加，不仅使政府由多部门"管理型"向"管理服务型"转变的过程遇到阻隔，而且阻碍着社会主义市场经济的发展与和谐社会的建设。

第二，难以采集、定制和共享。在法人基础信息的采集和制定方面，尚缺乏统一的标准规范，难以形成高效的信息共享机制。各法人主管部门目前的法人登记等应用软件中相同信息的定义、规则、编码方式和法人单位基础信息库都各不相同，给法人基础信息的交流和共享带来了障碍。

第三，信息浪费。由于分块管理，各部门在法人信息采集的过程中，难免要重复录入部分信息，必然产生大量的冗余信息，造成不必要的资源浪费。

第四，权威性不足。由于缺乏有效的信息共享机制和信息更新机制，各主管部门数据库中的法人信息只有自己管理范围内的数据是动态更新的，法人信息不能及时更新，缺乏一致性、准确性和权威性。

第五，定性不准。在对经济组织进行编码采集录入法人单位基础信息库的过程中，由于经济体制的改革和发展使法人单位基础信息库工作面临一些新问题。例如，对新出现的一些经济组织形式定位难的问题；对一些不完全以营利为目的的合作性组织如何进行组织性质认定，是否进行组织机构代码赋码的问题；由于对个体工商户的组织机构赋码采取了自愿申请的原则，导致多数个体工商户不去申请法人单位基础信息库注册，出现了逃避监管以达到避税目的的问题；法人单位基础信息库信息与企业营业执照信息不完全一致，导致其他部门管理协调困难等问题。

第六，缺乏标准。目前，只有各主管部门的专业法人单位基础信息库，没有一个全面、准确、一致、权威、共享、动态更新的全国法人基础数据库，更缺少法人单位基础信息库的建设标准。

法人单位基础信息库公共信息服务的标准是法人单位基础信息库建设标准体系的有机构成，也是电子公共服务的一项重要内容，其建设已经刻不容缓。

第十章　公共服务体系与法人单位基础信息库

第一节　国内外公共服务的界定

涉及公共服务体系构建和制度安排问题的研究，首先要界定公共服务的基本概念范畴。

一、公共服务的解释

1. 公共服务概念界定的三种方式

第一种方式，从物品的角度，即根据物品的特性来界定公共服务。从 19 世纪末开始，西方经济学一直按照用物品特性解释公共服务的思维逻辑前进，从"公共物品"，到"准公共物品"，再到"有益物品""混合物品""中间物品"等概念，物品分类理论的不断丰富，其目的无非是用物品的规定性解释公共服务。从认定"公共服务就是提供公共物品"，到认定"公共服务不仅仅提供公共物品"，公共服务的定义不断变化，但始终没有摆脱用物品的规定性解释公共服务的逻辑。

我国官方和学界在讨论公共服务时也套用物品的规定性来解释公共服务。例如，公共服务就是提供公共产品和服务。根据经济学中给定的定义，公共产品是指政府向居民提供的各种服务的总称。公共产品包括的范围很广泛，诸如国防、治安、司法、行政管理、经济调节等，都是政府向居民提供的服务。此外，由政府提供经费而实现的教育服务、卫生保健服务、社会保障服务等，也是公共产品。包括加强城乡公共设施建设，发展社会就业、社会保障服务和教育、科技、文化、卫生、体育等公共事业，发布公共信息等，为社会公众生活和参与社会经济、政治、文化活动提供保障和创造条件。从范围看，公共服务不仅包含通常所说的公共产品（具有非竞争性和非排他性的物品），而且也包括那些市场供应不足的产品和服务。

从这一角度出发，政府提供的公共物品主要有：纯公共物品和准公共物品。具体可以分为三类：第一类，具有非竞争性和非排他性的服务，如国防服务、公共安全服务等；第二类，非竞争性和非排他性弱的服务，包括邮政、电信、民航、铁路、水、电、燃气服务等；第三类，非竞争性和非排他性强的服务，包括公共环境服务（如垃圾处理、公园、道路管理、公共卫生、气象服务）、公共科教（基础教育、基础研究等）、文体事业（如公共体育馆、图书馆、博物馆服务）、公共医疗、公共交通以及社会保障等。也可以说，公共服务是指政府在纯粹公共物品、混合性公共物品以及带有生产的弱竞争性和消费的弱选择性私人物品的生产与供给中的职责。

第二种方式，从政府的角度出发，即根据政府的特性来界定公共服务。由于现实中政府提供的各种物品规定性存在明显差异，用物品的规定性界定公共服务的解释力和概括力受到限制，人们转而寻找概括公共服务的捷径。虽然政府服务不是公共服务的全部，但政府是重要的公共服务部门之一，政府服务无疑是判定公共服务的重要标尺，于是，以政府服务为基准界定公共服务成为一种重要方式。

从这一角度出发，其定义在广义上可以理解为不宜由市场提供的所有公共产品。例如，国防、教育、法律等。狭义上一般指由政府直接出资兴建或直接提供的基础设施和公用事业，如城市公用基础设施、道路、电信、邮政等。

第三种方式，从服务的角度出发，根据服务的特性来界定公共服务。公共服务的概念是指为社会公众提供的、基本的、非营利性的服务：①公共服务是大众化的服务，公共服务不是只为特定少数人提供的服务。②公共服务是基本的服务，人们日常生活中离不开水、电、气、安全、教育、文化等方面的服务，否则，人们就不能正常地生活。公共服务是满足人们日常生活中基本需求的服务。

③公共服务是内容广泛的服务，公共服务既要提供物质产品（水、电、气、路、通信、交通工具）等，又要提供非物质产品（安全、医疗、教育、娱乐）等，并且是一种低价位的服务，以保证人们能够持续性地消费。

2. 正确界定"公共服务"要注意的问题

第一，避免脱离政治学的基本原理，避免割裂基础理论与公共政策之间的联系，应该区分主权事务与人权事务，避免错误地把主权事务纳入公共服务的范畴，误将诸如国防、外交、司法、政府管制、行政处罚等涉及内外主权的事务纳入公共服务的范畴。实际上，将国家事务划分为主权事务和人权事务，将政府行为划分为主权行为和人权行为。主权行为是统治行为，最极端的形式是实施管制；人权行为是维护行为，最基本的形式是提供服务。主权行为和人权行为既有一致性，又存在资源配置等方面的冲突。主权行为是任何政府都固有的行为，人权行为只是现代政府对基本人权觉醒之后才有的行为，故此，公共服务职能才被理解为现代政府职能。

第二，避免单独通过物品的规定性来界定公共服务的规定性。很多人认为公共服务就是提供公共物品，公共物品具有非排他性和非竞争性，以为解释了"公共物品"这一工具性概念就解释了公共服务。也有人比较了解物品分类理论的演进，认为"公共物品"概念的解释力有限，公共服务除了提供公共物品外，还提供其他具有公共性的物品，如准公共物品、有益物品、混合物品和中间物品，认为解释了这一系列物品就解释了公共服务。其实，用物品的特性解释公共服务，只能使问题越来越复杂，离理论明晰化的目标越来越远。有人提出政府提供物品的根据是对公共利益的判断，公共利益才是判定公共服务的内在依据，物品只有与公共利益相联系才具有公共服务的特性。公共服务不受物品性质的限制，当社会情势或生存状态关系公共利益时，任何物品都可以作为公共服务的内容被政府提供。两种途径实质上都是为了证明公共服务的公共性，但后一路径超越了界定公共服务的传统思维逻辑，从公共管理的利益视角出发思考问题，因此，更具有建设性和解释力，沿着这一路径继续前行才有望达到理想的理论彼岸。

第三，避免犯形式逻辑的低级错误。形式逻辑最基本的要求是内涵和外延的一致性，即外延事物符合本质属性（内涵），或外延事物的本质属性构成内涵。因此，在界定公共服务时要注意内涵和外延一致性的基本要求，避免说明内涵和罗列外延时使用不同的尺度。例如，说"公共服务就是提供公共产品"，但在列举公共服务具体事项时却随意突破公共产品所具有的非竞争性和非排他性的基本属性。又如，说"公共服务是政府的基本职能之一"，但在列举政府公共服务职能事项时却包含经济调节、市场监管、公共管理、社会服务等多项职能。

二、公共服务的特性

服务是指为集体或别人工作，或为他人提供帮助，即满足他人需求的行为。公共服务即满足公共需求的行为，是为公共利益提供的一般性或普遍性服务。

第一，属于人权事务范畴。实现普遍人权是公共服务的价值基础，公共服务是维护基本人权的活动，区别于行使国家主权的活动。公共事务包括主权事务和人权事务，主权事务涉及国防、外交、军事、制衡、管制等方面；人权事务包括衣食住行、生老病死等各个方面，涉及生存、教育、劳动、医疗、养老等基本需求。主权事务是人权事务的基础，没有国家主权就没有基本人权保障；人权事务是主权事务的目的，行使主权的目的是保障基本人权。主权事务和人权事务之间有时会产生冲突，当维护国家主权成为当务之急时，人权事务至少在资源配置上要直接或间接受到影响。例如，近年来，经合组织（Organization of Economic Co-operation and Development，OECD）为了提升国际竞争力，不得不以高失业率和削弱社会福利国家为代价。

第二，以公共利益为目的。公共利益包括两个层次：一是整体利益，即超越个体利益的共同体利益，如国家危机、民族危亡、国际地位、国家实力等。整体由局部构成，整体利益经常通过局部利益表现出来，局部利益受损意味着整体利益受损。二是共同利益，即共同体内成员共同具有的利益，或者说是个体利益重合的那部分利益，或者说公共利益是共同的个体利益。共同利益以个体利益表现出来，对所有人或大多数个体有利就是公共利益，个体利益受损通常意味着共同利益受损。私人利益是基于个体偏好形成的特殊利益，是整体和共同利益之外的利益，是不能与他人分享的利益。公共利益具有抽象性，私人利益具有具象性。如尊重和保护人权，在抽象的意义上涉及所有作为个体的人的利益，具体的表现为个体的一些权利。公共利益与私人利益在大多数场合应该是统一的，否定私人利益就是否定公共利益。当公共利益与私人利益发生冲突时，应当权衡双方价值的轻重选择处理方案，如公共利益的价值远大于私人利益，则适用"公共利益优先"原则；私人利益的价值（涉及生命、人格、自由、财产）大于公共利益，则不适用"公共利益优先"原则；公共利益与私人利益价值难分高下，除了适用"公共利益优先"原则外，还要看看是否尚有"公私兼顾"的方案可供选择。

第三，具有社会资源财富重新配置的功能。公共服务主要属于社会财富再分配的范畴。社会财富可以再分配的前提是社会能够创造出财富。人类历史证明，在创造社会财富方面，市场机制是最基本、最有效的体系设计和制度安排。但是，市场机制的作用只限于实现机会平等和规则平等条件下的社会公平，对实现以结果平等为标志的社会公平则存在失灵现象。由政府安排的公共服务机制超越了共容利益（即组织或个人利益因社会总产出的增长而增加，因社会总产值的减少而受损）的逻辑，在政府有能力安排社会财富的条件下增进全社会福祉。任何公共服务都是有成本的，都是需要有人付费的。因此，财富是公共服务的基础。

公共服务本质上是取之于民、用之于民的活动，通过社会财富再分配的手段保障民众的基本权利，满足民众的基本需求，实现基本需求均等化。公共服务与社会生产是辩证统一的关系，没有社会生产，就没有社会财富，就没有公共服务；没有公共服务，社会生产就缺乏保障，社会财富积累也会受影响。现代责任政府，一方面要激发社会创造财富的能力，另一方面要合理地分配社会财富。通过公共服务分配社会财富，实质上是让收入高的人掏钱给收入低的人提供服务，让发达地区的人掏钱给不发达地区的人提供服务，让没有困难的人掏钱给有困难的人提供服务。

第四，以共济互助方式满足需求。例如，自来水、煤气、电力管网是消费者共同出钱共同解决需求的问题，自来水、煤气、电力都不会径直通向某一用户；公共汽车是消费者共同解决交通出行问题的办法，一个乘客要到达某地点中途可能要经过其他客人的目的地，因为公共交通具有共济互助性，不可能专为某位乘客服务；出租车被归入公共交通范围，是因为乘坐者只能在一定时间乘坐，其他时间不能拒绝其他乘客乘坐，实质上等于乘客采用共济的办法解决交通问题。共济性实质上是一种集体行动。

第五，服务对象非特定。为特定人提供的服务属于私人服务，它根据特定人的需求个别安排服务；为不特定人提供的服务是公共服务，只能根据一般性需求安排一般性服务,如用私家车接送子女上下学是典型的私人服务,因为服务对象特定,会根据上下学的早晚或假日随时调整接送时间。承担公共交通任务的交通工具,由于服务对象不特定,即便知道假期客流稀少也必须按时准点运营。

第六,服务领域可进入。较之私宅、私车、私田、私园,公共空间具有可进入性,一定区域内的公共服务的事项,没有法定理由不能拒绝消费者进入,例如,只要在合法的区域内建筑房屋,就有充分的理由享受供水、供气、供电服务,在一定区域里居住就享受就业、就学、就医等服务。

第七,服务标准一般化。公共服务包括普适性事项和补救性事项,无论何种事项,凡是被称为公共服务的,就只提供最低水平的、标准化的服务,如由政府付费的教育、医疗、保险等公共服务都是一般化的服务,补救性事项也是一般化的服务。特殊化的需求只能到公共服务之外去寻求满足。

第八,服务主体多元性。公共服务是公共活动的一部分,公共活动范围大于政府活动的领域;政府是公共活动的主体之一,因而也是公共服务的主体之一;公共服务职能只是政府职能之一,政府有多项职能,包括经济调节、市场监管、社会管理和公共服务。提供公共服务的主体,可以是政府,也可以是政府之外的公共部门,还可以是企业。

总之,不是私有的或专为私人使用的就可以理解为是公共的;公共服务有不同的层次,社区的、城市的、国家的都可以成为公共的范围;公共服务的层次、范围、水准具有相对性,因为公共性是相对的。一般来说,公共服务包括基础教育、公共卫生、公用事业、社会保障等事项。

三、公共服务的关键因素

政府是公共服务的安排者,公共服务范围和水平的确定主要取决于三个因素:一是见识。虽然政府、消费者、运营者的见识都影响公共服务的范围,但最终的决断者是政府。二是财力。任何公共服务都是收费的,无论是政府提供的,还是社会提供的,都存在财力能否支撑的问题,能不能收费、收费的数额、收费的成本、投入的回报都会对确定公共服务的范围和水平起制约作用,各国公共服务的范围和水平不一,一定程度上受不同经济发展水平下的财力的制约。三是利益。利益是服务的动机,政府和企业虽然对利益的判断不同,但总有利益相关,或公共利益，或私人利益，或公共利益与私人利益的结合。政府强化或弱化公共服务总与公共利益相关，私人部门参与公共服务既体现社会责任，也反映实现利益的愿望。

第二节　公共信息服务的基本形式

公共服务的概念很早就产生了，但是，西方公共服务的内容和标准却是在20世纪下半叶随着标准化思想的深入才真正发展形成的。

从20世纪80年代开始，公共服务标准在国外政府公共服务领域中广泛应用。这种改革的动因是：始于20世纪30年代一直持续到战后的政府干预措施，形成20世纪70年代经济上严重的滞涨，各国开始了公共政策反思过程，全能型政府模式受到了怀疑，减少管制、增加参与、推进政府与公民社会共同治理的呼声日益高涨。20世纪末，信息网络技术条件下，政府公共服务的范围、模式遭遇了更大程度的挑战。

政府治理所面临的环境是：成熟的市场经济制度和相对发达的经济水平；成熟的民主政治制度和公众的政治参与；信息技术和知识经济平台的形成；包括经济、信息、组织和价值等内容在内的"全球化"的迅速发展。在这种形势下，旧的行政管理思想与现实有了较大的脱节，新公共管理理论开始逐步主导政府改革。

新公共管理理论的主要特点是政府公共服务的社会化、企业化、市场化。社会化要求政府不再对公共服务具有垄断的权力，而是与企业、非政府组织（NGO）甚至公民个人在公共服务中组成新型伙伴关系。企业化、市场化就是将企业商品生产的一些做法引入公共服务领域，其中，最主要的就是通过制定公共服务标准促进服务品质的标准化，并在公共服务过程中开始运用全面质量管理（Total Quality Management，TQM）、标杆管理（Benchmarking），以及后来的平衡计分卡（Balanced Score Card，BSC）等量化指标，量化管理方法。

以美国为例，1981年里根总统提出联邦政府应向企业学习，将标准化管理思想与管理技术引入公共服务体制的创新中来，以提高美国政府管理与服务水平。1993~2000 年，克林顿政府推出"国家绩效评估"（National Performance Review，NPR）项目，从而开始了"美国历史上持续时间最长、最成功的改革"，将政府公共服务的标准化、指标化推向了一个新的阶段。他的主要改革措施包括改进构成政府主体的 32 个"高影响机构"（High Impact Agencies）的绩效，让其参考福特汽车公司等大企业的做法，制定出 4000 多项顾客服务标准；在公共服务中使用"清晰语言"（Plain Language）；借鉴企业界"平衡计分卡"的做法，对管理者进行综合测评（Balanced Measures）等措施，以体现"把顾客放在第一位"的改革原则。布什 2001 年初上台后，提出了新的联邦政府改革方案——"总统管理议题"（The Presidents Management Agenda）。为促进改革，联邦政府的管理和预算办公室制定出"成效标准"和"管理计分卡"（Management Scorecard），采用红、黄、绿灯标志进行追踪评估（红、黄、绿分别表示较差、中等、较好三种状况），按照成效标准评估其进步情况。具体到 20 世纪末开始的美国教育公共服务改革，提的最多的就是标准化运动。

一、国外政府公共服务标准的特点

公共服务标准是政府公共服务所要达到的水平、指标和要求，它的表现形式可以是一系列的行为规范，如文明用语规范、义务教育的校车服务要求；也可以是一系列定量指标，如养老金数额、公共服务期限，甚至公务人员电话应答时限；还可以是一系列公共责任，如公共服务承诺、公民宪章等。国外政府公共服务标准的特点比较明显：

1. 政府公共服务标准没有特定的表现形式

尽管国外的各类政府公共服务都有严格的标准，但是各类政府的公共服务标准并不一定表现为特定的形式。如美国总统克林顿 1999 年颁布的 12862 号行政法令（Executive Order 12862）建立了顾客服务标准（Setting Customer Service Standards），其内容更像是公共服务的原则性规定，而其进行的顾客满意度、雇员满意度的综合测评指标，以及行政绩效目标，更像是公共服务标准。

2. 公共服务标准是一个综合性的指标体系

国外公共服务标准都是由规范化的指标、定性和定量的描述结合形成的完整体系，如欧洲等国公共服务评价指标既包括投入、产出、结果、能力、效率和生产力等定量指标，也包括公平、民主、服务质量、公众的满意度等定性指标。具体到教育公共服务均等化，不仅包括学生人均教育经费等财务指标，还应包括班容量、区域间教育均衡化程度，教授文化课、数学课的时间要求，单位面积接送学生的校车数量等。

3. 公共服务标准是一个动态的过程

公共服务均等化的实质是让每个公民在同一标准上实现机会均等，随着经济和社会发展条件的变化，公共服务标准也在不断调整。例如，美国的义务教育，如果以每个孩子能入学接受教育为标准，美国早已实现义务教育均等化。如果以布什所提到的"平等地实现学业成就"为标准，那么，美国的义务教育离均等化目标还任重而道远。我国城乡区域差距较大，基本公共服务均等化的标准宜低不宜高，可以先考虑以解决弱势群体的最基本保障为标准。

4. 总量化、个性化指标结合，以个性化指标为主

总量化指标主要指反映公共服务分布区域、人口总量或总量平均量，如每万人拥有的服务设施数、人均某项公共服务的支出等。但此类指标通常并不直接影响具体公共服务的质量和水平，那些个性化的公共服务指标直接决定公共服务水平。西方国家的公共服务指标通常以这类指标为主，如美国在衡量公共卫生服务水平时，不仅包括万人医院数、卫生院床位数等总量指标，还包括各种疾病、手术的平均等候时间等个性化指标。

5. 公共服务标准一般化、低水平

所有项目只提供最低水平的、标准化的服务，由政府付费的教育、医疗、保险等公共服务都是一般化、保障性服务。特殊化、较高层次的需求只能通过市场或其他途径去获得。如在美国义务教育阶段较高水平的教育、个性化的教育需求只能通过私立学校去达到，较高的医疗服务只能通过市场购买达到。

二、国外政府公共服务标准的分类

根据需求层次、供给过程和供给主体等标准，国外政府的公共服务标准分为不同层次。

1. 按需求层次划分的公共服务标准

按照需求层次划分的基本公共服务和非基本公共服务，是各国进行公共服务标准划分的首要对象。因为基本公共服务往往与公民基本权利联系在一起，是各国公共服务均等化的首要指标。联合国的文件中，基本公共服务包括清洁水、卫生设施、教育、医疗卫生和住房等服务项目；联合国儿童基金会和联合国开发计划署在南非把基本教育和初级医疗定义为基本服务，同时对两类基本公共服务的范围、水平、构成等指标规定了细化的标准。

2. 按供给过程划分的公共服务标准

根据各国公共服务供给过程的理论和实践，公共服务标准主要包括最低公共服务标准、转移支付的计算标准、公共服务的全面质量管理。最低公共服务标准是各国政府对有关公共服务的最低要求。比如，纽约市图书馆最低公共服务标准中规定了定期报告标准，包括报告的范围、事项、内容、期间等。转移支付的计算标准并不一定是公共服务依据所涉及区域内的基本公共服务要求，常常是国家公共服务的平均水平。如德国、法国等国家通常将全国平均公共服务的水平作为计算转移支付的标准。公共服务的全面质量管理（TQM）是政府将企业全面质量管理的标准化理论与技术用于政府工作中。英国的国防部、财政部、国税局等中央政府机构及众多地方政府都采用了ISO9000质量管理模式，加拿大早在1994年就制定了专门标准——《公共部门组织实施ISO9000质量管理体系指南》（CGSB184.1）。

3. 按供给主体划分的公共服务标准

国外政府组织中，不仅有传统的中央、州（省）、市、县、镇等一般概念的政府（General Purpose Government），也包括日益增多的非传统意义政府，如城市经理制、特别区政府（提供一种或多种公共服务）、学区政府等。各类政府承担的公共服务各不相同，所遵循的公共服务标准也有较大的差异。有些地方政府就某几类或某类公共服务制定出适用于会员的公共服务标准。如英国地方政府斯特拉思克莱德区的Strath-clyde Partnership For Transport，就制定出有关交通公共服务的标准，作为本地区所有交通类公共服务的标准。

三、国外政府公共服务的提供形式

通常，根据社会公共服务具有的公益性和可经营性，将其分成基本社会公共服务和非基本社会公共服务。非基本社会公共服务又可分为准基本社会公共服务和经营性社会公共服务。公共服务提供的模式主要有四种：

一是政府承担全部社会公共服务职责。政府是基本社会公共服务的提供者，同时也是整个社会公共服务的规划者和管理者。

二是实行社会公共服务分类管理分别提供。根据公共服务所具有的公益性和经营性的程度不同，针对基本社会公共服务、准基本社会公共服务和经营性社会公共服务，在科学界定、划分政府和市场在各类社会公共服务中的各自职责和作用后，由不同社会组织来分别提供服务。

三是社会公共服务主体多元化。吸引社会投资主体参与基本和准基本社会公共服务。通过政府购买服务的方式鼓励社会主体举办基本公共服务；通过财政补贴、公私合营模式（PPP）、特许经营等方式支持社会主体举办非基本公共服务（或称定制服务）。

四是社会公共服务建设投资模式的多样化和运营市场化。通过政府出面营造有利于各类投资主体公平、有序竞争的市场环境和制度保障来保证通过市场化的手段实现公共服务社会化。

特别是对于公共信息，各国在提供公共信息服务时，充分考虑公众获取信息的能力和差异，利用各种服务渠道提供各种形式的公共信息服务。总结起来主要有信息导航、信息检索、交互式服务、信息推送等个性化服务、整合式信息服务公共信息增值开发服务和公共信息的发布等公共信息服务形式。

一是信息导航服务，多采用分类导航方式，信息导航服务多用于基于网站和信息亭的服务中。目前，完善的信息服务中，通过网站提供服务的项目均提供信息导航服务。

二是信息查询和信息检索服务，是较为常见的信息服务形式之一，它主要建立信息查询系统，利用查询终端提供服务，多用于基于网站和信息亭的服务模式中，近年来，随着移动技术的发展，基于移动终端的查询服务的内容和范围在不断扩大。比利时 HotJob.be 项目提供的就是典型的工作信息的查询服务。

三是交互式服务。交互式服务特别是在线互动类服务呈现迅速增多趋势，公共信息服务内容的发展体现出从信息发布为主逐渐过渡到信息发布与在线互动服务相结合的趋势。

以美国政府门户网站为例，它的公共服务内容很好地体现了信息发布与在线互动服务的结合。在 2004 年 5 月，该网站就已有 123 个在线互动服务，到 2006 年 5 月又增加了将近 20 个，达到 142 个在线互动服务。

加拿大消费者信息门户（Canadian Consumer Information Gateway）建立了公众抱怨频道，该频道指导公众通过恰当的方式表达自己的意见，并将意见及时反馈给服务提供者，同时提供了字母向导，公众只需简单地填写抱怨模板，抱怨数据库可以自动生成公众表达的抱怨信息，并传递给相应的部门。

菲律宾 Naga 市 I-Governance 项目则鼓励公众参与到政府决策过程中以改进服务，该项目提供的大部分服务均有公众的参与。

四是个性化服务。信息推送服务是个性化服务发展较快的一种服务模式，近年来技术的发展，使得通过电子邮件、移动电话提供信息成为可能，这种服务方式也迅速发展，基于移动电话的信息服务表现出灵活的特点，在城市应急管理中发挥了重要作用。

五是整合式信息服务。全面整合政府、私有机构和非营利机构提供的各种信息和服务，提供整合的"一站式"服务。例如，加拿大提供了整合的"一站式"服务，并充分利用各种服务渠道提供服务。

六是公共信息增值开发服务。欧洲联盟委员会认为，公共信息蕴藏着极大的经济价值，对公共信息进行增值开发，将是公共信息服务新的形式。欧洲联盟委员会将公共信息分为气象信息、法律政策信息等 10 类信息，每一类信息都有特定的增值服务形式，如可以基于交通数据提供导航服务等。

七是公共信息的发布。综合信息发布主要是对系统使用者进行需要的信息发布以及公共信息的发布。具体包括的功能有：标准信息发布、项目信息发布、工作信息发布、各类文件发布、其他信息发布（如通知、公共信息等）。

第三节　我国公共服务体系的建立

一、我国基本公共服务的内容

从中国改革开放近 40 年的实践看，其发展理念经历了由以物质为本到以人为本的转变。由"生存型社会"开始步入"发展型社会"。中国发展阶段的提升，给经济社会的发展带来了巨大的活力，也带来了新的矛盾与挑战。从生存型社会进入发展型社会阶段，人们从满足基本生存为主转向追求自身发展为主，人的自身发展更直接地表现为对基本公共服务的实际需求，形成了基本公共服务需求快速变化的客观背景。

我国的公共服务体系正在构建的过程中。政府政策显示：义务教育、公共卫生和基本医疗、基本社会保障和公共就业服务是建立社会安全体系、保障全体社会成员基本生存权和发展权必须提供的基础公共服务，是公共信息服务体系建设的核心，是现阶段我国基本公共服务的主要内容。

采取的政策措施是：健全社会公共服务的五大体系。一是优先发展教育。就是走内涵式的教育发展道路，从数量普及为主向质量提升为主转变，从规模扩张向结构优化转变，从以学历教育为本向以素质教育为本转变，从学校教育体系向终身教育体系转变。二是完善公共卫生体系和基本医疗服务体系。加强公共卫生体系建设，为居民提供安全有效可负担的基本医疗服务。三是推进公共文化和体育建设。充分发挥文化资源优势，提升城市的文化价值和创意能力，发展面向基层的公益性文化体育事业，增强社会凝聚力，增强市民体质。四是健全公共安全保障体系。实施完善公共安全体系，构建城市公共安全应急机制，预防和减少重大安全事故发生，创造稳定、和谐的社会环境。五是完善社会福利和救援体系。推进城乡社会救助体系建设，加快实现社会福利社会化，全面促进慈善事业发展，建立突发性灾害应急救援体系。

二、我国公共服务的建设目标

目前，我国公共服务体系建设的总体目标：一是率先基本实现社会发展现代化，二是城市服务功能显著增强，三是基本社会公共服务均衡发展，四是社会公共服务的效率显著提高。

构建基本公共服务体系所面临的任务十分艰巨。需要强调的是，基本公共服务除了对于人的发展具有本体性的基础作用之外，更重要的是对经济社会的可持续发展发挥着巨大的推动作用；加强基本公共服务是缓解社会矛盾、促进社会公平的重要手段，是构成新时期改革的重要动力来源。

利益关系的变化对加强公共服务提出了要求。应当看到，中国面临空前的社会流动和社会变革，使传统计划经济时代相对简单的社会结构逐步演变为市场经济条件下相对复杂的社会结构。社会结构的变化，伴随着利益关系调整、利益主体多元化等深层次的问题。新时期利益关系的变化增加了改革发展的复杂性，对基本公共服务供给和公共服务体制创新提出了更为现实的要求。在物质财富快速积累的新阶段，如何实现公平正义的分配，让社会成员平等地享受基本公共服务的权利，成为当前社会转型面临的一个重大问题，法人单位基础信息库建设是构建公共服务体系的一个重要环节，在这一环节中标准化是必要的措施和手段。

三、公共服务建设的保障措施

社会公共服务作为一个庞大的系统工程，需要从各个方面建立有效的保障措施来支持建设的顺利进行。

在资金保障方面，拓宽投资渠道，加强公共服务的财政保障，建立有效的公共服务供给制度。建立社会公共服务财政支出持续稳定增长机制；实现财政支出向社会公共服务倾斜；实现社会公共服务财政支出向基本公共服务领域倾斜；向农村地区倾斜；向社区层面倾斜；向困难群体倾斜。但是，仅靠政府投资不仅渠道单一、资金压力大，而且也难以引入有力的市场竞争机制、从体制上提升服务质量，因此必须推动社会公共服务投、融资模式的多样化，实现服务提供模式的多样化。例如，经营性社会事业单位改制后进入资本市场直接融资；发行体育彩票、社会福利彩票等募集资金；采取赋予冠名权、鼓励社会捐赠等方式筹措资金。

政府作为单一公共服务供给主体存在三个弊端：第一，政府公共服务供给以公共利益最大化为价值取向，不以营利为目的，其供给具有明显的非价格特征，即政府不能通过明确的价格从供给对象那里直接收取费用，而主要依靠税收维持其生产和运营，很难计算其成本，因此缺乏降低成本提高效益的直接利益驱动。第二，政府供给具有垄断性，这种没有竞争的垄断极易使政府丧失对效率、效益的追求。第三，政府公共服务供给体系是由众多机构或部门构成的，这些机构部门间存在的职权划分交叉、部门利益纷争、协调配合缺乏等问题，都影响着调节体系的运转效率。因此，建立有效的公共服务供给制度应遵循以下三方面的基本原则：第一，政府在基本公共服务的供给过程中应居主导地位，在"市场失灵"或者"第三方/志愿者失灵"的情况下担负起保障公共服务供给的最终责任。第二，市场力量、公众和社会组织是公共服务产品供给机制中不可缺少的主体，具有效率较高和形式灵活的优势，能够适应数量庞大和多样化的公共服务需求。第三，根据公共服务供给的具体经济社会环境，形成公共服务供给过程中政府、市场、公众和社会组织之间的合理关系。只有充分发挥各参与主体的优势，才能保证公共服务的充足有效供给。促进基本社会公共服务均衡化发展。

加强公共服务设施建设，构建起面向基层、覆盖城乡、功能完善、布局合理的社会公共服务设施配置格局。科学规划社区社会公共服务设施建设，加强农村地区社会公共服务设施建设，启动新城社会公共服务设施建设；建立面向农村、面向社区、面向普通市民的基本社会公共服务网络，重点支持乡村和社区网点建设，达到基本社会公共服务的区域全覆盖。

创新公共服务提供模式。通过制度创新促进社会公共服务建设和运营市场化。鼓励社会公共服务举办主体多元化，建立"政府主导、社会参与、机制灵活、政策激励"的社会公共服务供给模式。吸引社会投资主体举办基本和准基本的社会公共服务。通过政府购买服务的方式鼓励社会主体举办基本公共服务；通过财政补贴、公私合营模式（PPP）、特许经营等方式支持社会主体举办非基本公共服务（或称定制服务）；积极推行政府投资建设项目实施代建制管理，营造有利于各类投资主体公平、有序竞争的市场环境。

完善政策法规和制度，营造良好的政府服务和管理环境。建立统筹协调、规范高效、分类管理、分级承担的社会公共服务管理体制。制定和完善社会公共服务的法律法规，规范政府、社会力量在社会公共服务中的角色、作用和行为。具体操作：一是建立综合协调和科学民主决策机制。二是加强对社会公共服务的宏观监测和评价。三是建立标准化的公共信息基础设施，制定并发布社会公共服务分类管理标准、各行业服务标准、公共服务设施建设和运营标准等。建立法人单位基础信息库的公共信息标准也是公共信息基础设施建设的重要内容之一。

第四节　公共服务与法人单位基础信息库的关系

《中华人民共和国民法通则》规定，法人是具有民事权利能力和民事行为能力，依法独立享有民事权利和承担民事义务的组织。

我国法人包括以下几种类型：国家机关、事业单位、企业、社会团体、其他依法成立的法人组织。法人是我国社会经济活动最重要的组成部分之一，对发展经济、构建和谐社会等起着至关重要的作用。

我国法人的主管部门主要是国家工商总局、民政部、中央编办，分别管理企业法人、民间组织法人、事业单位法人。其他依法成立的法人组织分别由国务院有关主管部门负责注册与管理。准确、一致、及时、动态的法人基础信息是转变政府职能，加强法人监管与提供公共服务的信息基础。这里是指法人基础信息库为公共服务提供的信息，因此，后面将法人单位基础信息库所在做的公共信息服务内容统一简称为公共服务信息。

从应用对象来看，法人单位基础信息库的用户包括政府部门、企业和普通公众等各个层面。政府部门是其首选的服务对象，出发点是基于法人单位基础信息库的索引功能，它能为工商、税务、海关、贸易、交通、质检、药监、环保、劳动人事、公用事业、公安、法院、银行、证券、保险等有关政府部门及其工作人员，提供最为可靠、简便、有效的内容和工具，为其进行本部门业务的管理，开展针对单个组织机构的单项或多项指标的微观监管提供支持，同时也为企业和公众提供权威、可靠的基础公共信息。

在信息时代，法人单位基础信息库的这种索引功能的重要性正在变得日益显著，公共服务信息在多部门的业务合作、资源共享和企业参与市场竞争及国际贸易活动中发挥着越来越重要的作用。

第十一章　法人单位基础信息库公共服务的对象和方式

服务的对象是服务的使用者和评价者。服务提供部门是服务内容的组织者或提供者。这里必须要注意到，服务的组织者和提供者也可能发生分离，也就是说，组织者和提供者将是不同的服务机构。例如，就一些基本公共服务来说，服务组织者是政府，但服务提供者则是学校、其他公共机构甚至是企业。

服务渠道是服务内容的提供载体，是连接服务提供者和服务使用者的通道。服务渠道主要包括技术渠道和实体渠道。技术渠道包括服务门户和服务终端两部分。服务门户是服务内容的组织展现平台，服务终端是对服务门户的访问介质。实体渠道则包括各类采用面对面方式提供服务的传统机构和设施，如行政服务中心、客户服务中心、中介服务机构、呼叫中心等。

服务保障环境是指在服务生产提供、服务内容组织、服务渠道建设等各个环节存在的监督和约束，以保证公共服务建立不断优化。

服务内容即为公共服务的具体事项。就公共服务而言，不同领域的具体内容存在着显著的差异，必须根据各自的特点安排相应的内容，并对于各部门生产的服务内容进行整合和组织，通过各服务渠道面向服务对象开放。

第一节　信息服务对象

法人单位基础信息库公共服务信息服务的对象主要是社会公共服务举办主体。由于社会公共服务举办主体的多元化，以及"政府主导、社会参与、机制灵活、政策激励"的社会公共服务供给模式，决定了三种主要社会公共服务提供方——政府部门、公益性组织、参与公共服务的企业和个人与法人单位基础信息库进行信息交换，因此，法人单位基础信息库的公共服务标准除涵盖了政府系统之间的信息交换外，还应该包括如下对象之间的互动：中国政府与公民、中国政府与中介机构、中国政府与（全球）企业、中国政府机构之间、中国政府与其他国家政府和组织。

虽然我们只是推荐公民、企业和外国个人与政府采用我们的法人单位基础信息库的信息，不存在强制问题，但是政府公共服务的性质、责任和能力决定了这是使用对象最好的界面选择。

中国政府包括中央政府部门及其代理机构、地方政府以及范围更加广泛的公共部门，如非职能部门的公共实体、国家卫生署等，那些管理职能发生转变的管理机构也通过下面所描述的机制而被囊括其中。

在法人单位基础信息库标准体系建设过程中，必须考虑保证政府内是可以互操作的，从长远考虑，中国港、澳、台公共部门产生的标准也应该能够包含在标准中，因此，我们在研究设计标准体系建设内容时，也要加以考虑，使未来法人单位基础信息库标准体系也同样适用于中国港、澳、台及其他地区，以便加速政府现代化议程，并进一步提高政府公共服务水平。

旨在促进互操作性的法人单位基础信息库标准体系，对于人性化的信息显示界面可以不制定标准，因为这些界面可以通过不同的用户渠道获得，如互联网、公共服务亭、数字电视、移动电话等。法人单位基础信息库标准只需要对将数据传递给这些界面的交换要求，以及显示这些数据的管理工具制定标准。

实现跨政府部门之间的业务互操作性的技术政策包括四个主要应用领域：网络系统互联、数据整合、内容管理、元数据和电子服务访问渠道。这是为支持由政府提供的业务处理和服务，整合政府部门内部信息系统而制定的必需的标准规范。

第二节　信息服务方式

通过信息技术手段，法人单位基础信息库中的法人基础信息除了可以支撑各级政府部门开展法人联合监管工作外，还可将其中部分数据对社会公众公开，让社会公众及法人通过多种途径查询、了解法人单位的各种情况。这样社会公众既可以更清楚地了解法人、辨别其合法性，还可以通过公众服务系统进行举报、投诉，使得全社会参与到法人监管工作中来，督促各法人信用体系的建设。

公众服务系统由以下几部分组成（见图 11-1）。

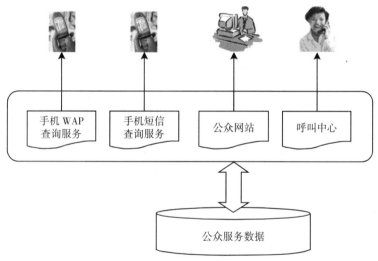

图 11-1　公众服务系统组成

公共服务系统利用部分法人单位基础信息库数据，通过多种手段及途径为社会公众提供法人信息服务，并接受社会公众的监督及处理投诉、举报等（见图 11-2）。

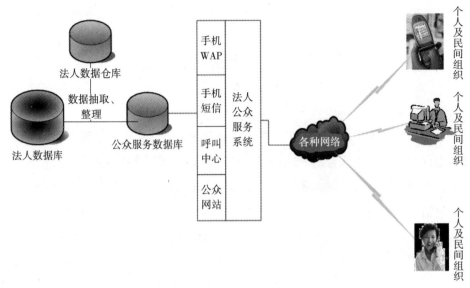

图 11-2 公众服务系统示意

一、手机信息服务子系统

手机已成为普通的消费品，中国现有手机用户 4.4 亿人，利用手机及移动通信网络在更大范围内为社会公众提供法人信息服务已经成为可能。

以 WAP、JAVA、数据库、手机短信及 GRPS 移动通信技术为核心技术的手机信息查询系统，就可以利用手机为社会公众提供法人信息服务。公众可以利用手机查询法人的相关信息，通过输入法人名称、证书号等查询和分辨该法人的合法性、经营范围等信息。同时，还可以利用手机进行投诉、举报，这些信息进入法人数据库举报系统后，经有关工作人员及时核查、处理或分转，必要时会同有关部门查处，同时将处理进度、处理结果等及时反馈给举报人，并在公众服务系统中公示（见图 11-3）。

目前，社会上大部分手机可以支持 WAP、短信息、GPRS 功能，这使得系统的广泛使用具备了基础条件。

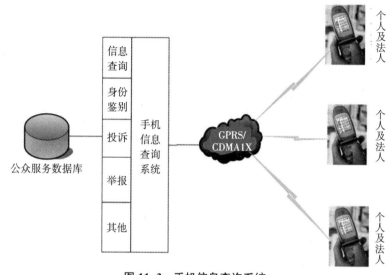

图 11-3　手机信息查询系统

二、公众网站服务子系统

如今互联网已经非常普及，我国现在网民约为 1.4 亿人，利用互联网构建法人公众服务网站，为社会公众提供法人信息查询、法人合法性鉴别、投诉举报等服务，将会更好地推动法人信用体系建设。任何个人及企业都可以通过互联网访问法人公众服务网站，对自己关心的法人及相关信息进行查询及浏览，并可进行在线讨论、留言，对所了解的法人非法行为进行举报（见图 11-4）。

三、呼叫中心子系统

除了以上方式外，法人单位基础信息库需要面向全国所有的服务对象，涵盖面广，情况复杂，呼叫中心——一种面向大众的服务方式的建立，可以明显拉近政府和群众的关系，成为群众和政府沟通的最直接、简便的渠道，也是政府体察民情、加强法人监督管理的渠道。

呼叫中心应用案例丰富，例如，工行的 95588，对于没有手机、计算机和上网条件的人来讲，均可以利用电话进行法人信息查询、投诉举报。建立法人呼叫中心（法人服务热线）是对其他形式公众服务系统的有力补充。

呼叫中心由程控交换机、IVR 服务器、呼叫中心管理软件等组成，通过接口

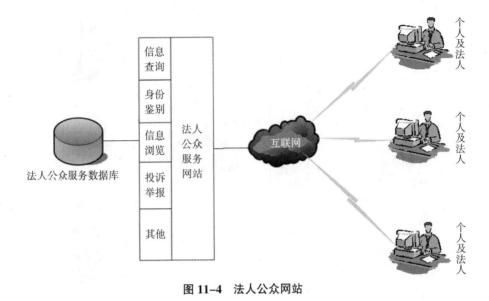

图 11-4   法人公众网站

软件的开发，可与公众服务数据库相连接，直接在数据库中查询、统计数据，并将数据转换成语音格式播放给查询者。

呼叫中心与其他系统的数据交换都是通过公众服务数据库来完成的。

任何个人及企业均可拨打服务热线号码，可转人工台，也可转自动台，进行信息咨询、查询、投诉举报等（见图 11-5）。

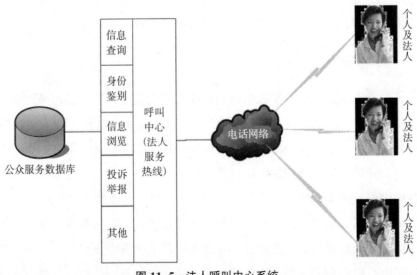

图 11-5   法人呼叫中心系统

第十二章 法人单位基础信息库公共服务的标准化

第一节 标准化的目的

法人单位基础信息是国家电子政务建设不可或缺的基础信息资源，是统一和衔接各有关部门对法人单位的认定标准，是实现政府部门之间信息交换的重要桥梁。在各级政府部门逐步建立和完善标准统一、互为补充、相互共享且能适时更新的法人单位基础信息库，已成为国家电子政务信息化建设的重要基础工作。

法人单位基础信息库信息系统建设的总体目标是："十一五"期间，围绕政府对法人联合监管业务的实际需求，以创新法人联合监管模式、开发利用法人基础信息资源、转变政府职能、服务社会为导向，依托国家电子政务内、外网，建成法人单位基础信息库网络系统，通过制定法人单位基础信息库的标准规范体系，整合质检、工商、民政、编办的法人信息资源，建设一个全国统一、信息全面、准确一致、动态更新、能真实反映法人现状并能向政府部门和社会提供动态信息的法人单位基础信息数据库，并在此基础上建成法人单位基础信息库业务应用支撑平台及数据交换平台，为法人单位基础信息库提供动态数据更新机制，完成法人单位基础信息库的业务应用系统的建设及推广，并建设信息安全体系，确保法人单位基础信息库的信息安全。

通过建设国家层面的法人基础信息库，实现法人基础信息跨部门共享和利用，全面、真实、准确、一致、权威地反映法人在经济活动中的真实行为，从而加强各政府部门对法人社会行为的联合监管，并通过政务信息公开为社会提供法人信息服务，构建法人信用体系，保障社会主义市场经济的健康快速发展，构建社会主义和谐社会。

第二节　标准化的原则

为了保证法人单位基础信息库及应用系统建设的合理性、先进性及可扩充性，法人单位基础信息库建设必须以需求为导向，统一规划、标准先行、分期实施、稳步推进。在现有信息管理和应用基础上根据统一规划，制定建设标准，确定信息内容和管理模式，在充分满足政府、行业部门及社会公众对法人单位基础信息使用需求的基础上，以质检、工商、民政、编办系统的法人登记管理业务库为信息来源，建设全国法人单位基础信息库系统，法人单位基础信息库的建设标准宜遵循如下原则：

一、统筹规划、标准先行

在统筹规划的前提下标准先行。由于法人单位基础信息库建设涉及质检、工商、民政、编办等多个政府部门，而且要从各部门的业务管理数据库中抽取法人基础信息，因此，尽可能在统一规划下，尽早建立标准体系，提供统一的接口标准规范，遵循统一的数据和技术标准体系建设数据库系统，以保证未来的数据共享。

二、改革创新、联合共建

坚持"观念创新、方法创新、手段创新、体制创新"，以信息化建设促进政府职能转型的推进，以新职能来保障信息化的进程，两者同步发展。在建设过程中，要充分利用现有资源，发挥各级政府部门的积极性，始终坚持联合共建的原则，实现互联互通，促进最广泛的资源共享，避免重复建设。

三、应用主导、突出服务

建设全国法人单位基础信息库，一方面要为政府各部门服务，加强各部门间对法人的联合监管，保障国家财政收入、减少税收流失、维护金融秩序、防范金融危机等；另一方面要促进政府职能转变，面向社会，公开政务信息，服务公众，使社会公众享受到安全周到、方便快捷的服务。

四、技术先进，资源共享

法人单位基础信息库建设必须强调先进性和标准化。在数据库构架、设备选型、网络结构、应用系统开发、安全控制等各个方面要充分体现法人单位基础信息库的先进性、成熟性及标准化。充分利用各部门现有资源，使现有资源发挥更大作用，最大限度地保护投资。坚持逻辑集中、物理分散原则。物理上，各业务系统和数据库分布在各部门；逻辑上，系统互联互通地实现信息资源共享。

五、统一标准，保障安全

统一安全标准、统一目录体系、统一交换标准，保障系统互通与安全。法人单位基础信息库具有信息量大、可靠性要求高等特点，要求系统必须遵循国际标准，具有可共享性、可扩充性、可管理性和较高的安全性。因而要正确处理发展与安全的关系，重视网络与信息安全，逐步形成网络与信息的安全保障体系，综合平衡成本和效益，加快制定并贯彻执行统一的法人单位基础信息库业务及技术标准规范。

六、维护简便，便于扩展

为了适应日新月异发展的计算机及网络技术，标准规划必须考虑易开放性与可扩充性，为今后的技术发展、扩充与升级留有足够的余地，以最大限度地保护投资。

法人单位基础信息库的建设内容主要包括：标准规范体系建设、网络系统建设、数据处理与存储系统建设、法人基础信息数据库建设、应用支撑平台建设、数据交换平台建设、应用系统建设、信息安全体系建设和管理制度建设。

应用支撑平台用于支撑法人单位基础信息库各项应用系统，为法人单位基础信息库数据共享和应用系统之间的互联互通互操作提供服务，实现全国法人单位基础信息资源横向、纵向的信息交互。

法人基础信息数据库是法人单位基础信息库项目的建设核心，利用数据交换平台和数据抽取接口从各法人业务管理库中提取法人基础信息，建成全国统一、信息全面、准确一致、动态更新、真实反映法人现状并能向政府部门和社会提供动态信息的法人基础信息数据库。

法人单位基础信息库建设的目的在于对法人基础信息的应用，加强政府各部门对法人单位社会经济行为的联合监管，同时也促进政府职能转变，为社会公众提供法人单位信息服务。

可以建设的应用系统包括法人基础信息综合查询系统、法人基础信息公布系统、法人单位信用评估系统、各种部门决策支持系统等。

在公共信息标准化建设中应坚持引用和开发相结合的原则，关注国际信息标准的发展，等同等效应用国际标准，宣传贯彻国家标准和行业标准，积极开发和研制新标准。加强信息化建设工程中标准化实施情况的审查工作，对重要信息技术产品进行标准符合性测试。开展公共信息标准化国际交流与合作，引导企业积极参与标准化活动。

我们在进行法人库基础信息库标准建设的过程中，在确定提供电子公共服务的领域时，考虑国家法律、经济发展水平、技术水平以及信息资源开发的长远规划、规模效益等因素，一般把政府所提供的电子公共服务的应用领域划分在以下四类情形中：

第一类：宪法规定，属于政府职责范围内同时没有其他竞争者的服务项目，即非排他性和非竞争性的服务项目，如税收、工商、民政、民族事务等。

第二类：宪法规定属于政府职责，但同时具有合法竞争者的服务项目，如劳动保障、社会保障、医疗卫生、城乡建设等。

第三类：宪法没有规定的政府职责，实际上也存在着许多市场竞争者的服务项目，如通信、旅游等。

第四类：宪法没有明文规定的政府职责，而社会上又缺乏竞争者，如高等教育、基础性科研事业，它们一般投入大、产出周期长、市场效益不直接，这些领域可以开放，也存在竞争，但参与的人不多。

上述四类服务构成我国电子公共服务应用的主要领域。对电子公共服务内容进行定义时，首先需要明确服务单位和服务所属的领域，并结合部门的公共服务战略及所属领域服务需求的变化趋势，对电子公共服务内容进行选择。这样就需要法人单位基础信息库基础信息做保证，除法人单位基础信息库单位自身的业务以外，与法人单位基础信息库公共服务相关的标准化服务就需要各单位与法人单位基础信息库建设单位共同制定，明确数据的导入、架构的调整、界面的定义形式，建立统一的规范。

第三节　公共服务标准

各级政府部门已经开始了地方法人库的建设。建设标准统一、互为补充、相互共享、适时更新的法人单位基础信息库，已成为国家电子政务信息化建设的重要基础工程，标准的建设刻不容缓。如今，我国法人单位基础信息库标准体系也已在研究中逐步形成。

一、标准体系表的定位

法人单位基础信息库标准体系表包括通用类、数据类、应用支撑类、技术支撑类、管理与安全类、资源服务类。公共服务类标准是资源服务类的基础数据服务类的一部分。

目前，围绕公共服务信息化的标准化开展的工作相对较少，主要是一些职能部门在其电子政务标准化中附带包含本行业的与公共服务信息化相关的内容。

从具体工作来看，公共服务信息化工作开展得比较系统的有两项：一是建设部在北京市东城区开展的"万米单元网格"基础上所颁布实施的有关城市日常管理信息化规范，二是卫生部发布的《国家卫生信息标准基础框架》。这两项都还是行业规范性质的内容，在与其他行业的交流、应用和融合方面还有很多的工作要做。

二、标准体系表的扩展

在法人单位基础信息库标准体系表研究成果的基础上，资源服务类标准进一步扩展，逐步形成覆盖全面、及时准确的标准体系。

1. 扩展的原则和依据

法人单位基础信息库公共服务信息标准作为基础的信息标准，应该具有完整的覆盖面，使"法人单位基础信息库公共服务信息"在各个部门信息共享中发挥基础核心作用，成为国家电子政务和社会公共服务体系建设服务的核心部件。

以我国《民法通则》为依据，法人数据应该覆盖所有的企事业单位、机关、社会团体以及其他依法成立的社会组织，既包括各种类型的法人信息，也包括法人的延伸组织和其他组织的信息，如法人的分支机构、宗教场所、外国常驻新闻机构、村委会、居委会等。

因此在制定公共服务标准共享的同时，要重点考虑与具体业务单位的协同标准制定工作，包括工商、税务、海关、贸易、交通、质检、药监、环保、劳动人事、公用事业、公安、法院、银行、证券、保险等有关政府部门以及铁路系统、民航系统、邮政系统、典当系统、信托系统等垂直管理的机构。

涉及基础数据服务类标准规范部分的内容由法人单位基础信息库标准制定单位制定，相应的应用规范由使用单位制定或参与制定。法人单位基础信息库资源服务类其他标准的制定也遵循这一原则。

在法人单位基础信息库公共服务类信息标准的建设中，按照我国公共服务体系的建设目标和公共服务体系的建设内容，从基本公共服务出发进行扩展。

目前，我国社会公共服务的五大主要内容：一是教育，二是公共卫生体系和基本医疗服务体系，三是公共文化和体育，四是公共安全保障体系，五是社会福利和救援体系。

2. 扩展的具体内容

法人单位基础信息库公共服务类标准的扩展遵从开放性原则，按照科技、教育、文化、卫生、公共安全这一思路分类，在今后工作中不断完善和丰富（见图 12-1）。

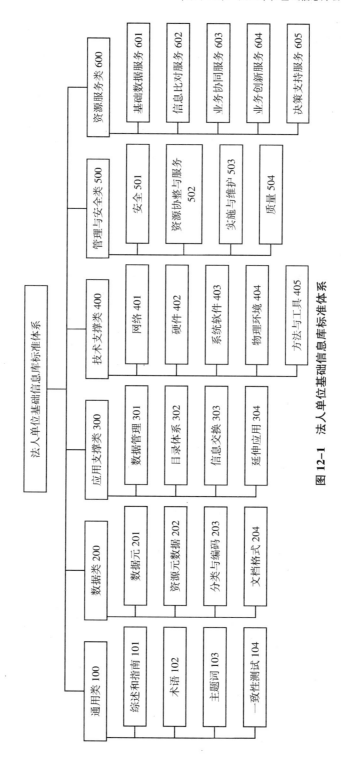

图 12-1　法人单位基础信息库标准体系

（1）科技成果管理类公共服务信息类标准。《科研技术成果与技术市场管理标准》是按照法人单位基础信息库公共服务表扩展的标准。政府保障科学技术成果的顺利提供，表现在对提供方式的确定和技术市场基本规范的建立与维护上。

现代社会科学技术的生产者是多元的，产品既可以属于政府的科研部门，也可以属于企业，还可以属于其他非政府的专门从事科学研究的机构，但是如何向社会提供科技产品则与取决于根据科技成果的基本性质由政府所决定的公共政策。总体上看，科技成果的提供可以由公共提供（即政府提供）、市场提供和混合提供三种基本方式。

由于基础科学研究、社会科学研究和技术推广的成果具有非排他性和非竞争性，因此，不仅应该由公共进行生产，而且必须采用公共提供的方式。同时，进入市场提供的科技产品要保证其提供的顺利进行，必须有良好的科学技术市场的规范和相应的管理机构，这与政府维护市场交易的职能密切相关。

在现代社会，由于科学技术产品生产的多元化，以及市场提供和混合提供方式的存在，决定了科学技术产品市场在整个科技事业发展中占有极为重要的地位，也决定了管理科学技术市场是现代科技事业管理的一项基本任务，是落实和执行相关公共政策的重要保证。

科学技术市场的管理主体是政府机构，另外，一些非政府组织也承担一定的管理任务。技术市场管理的内容包括对技术商品的管理、对技术市场参与者的管理和对技术市场的其他管理。技术市场管理是一种专业性较强的管理，特别是其中的技术商品本身的管理，专业性极强，需要由技术市场的专业管理机构，如政府的科学技术委员会、专利局等承担主要任务，另外的市场管理机构如工商行政管理、税务、物价等则需要配合和协助这一工作。

技术市场管理的具体内容如下：

第一，技术商品的管理。技术商品是整个技术市场活动的核心，技术商品管理状况直接决定着技术市场的发展规模和发展速度，影响着整个科技事业的进步和国民经济的发展。技术商品管理的任务是确定技术商品的身份，即对是不是技术进行鉴定，并按国家的有关规定可否进入市场交易，如涉及国家安全或重大经济利益需要保密的技术不得进入市场，或应按有关规定办理。

管理的基本内容：一是技术商品的鉴定；二是对专利商品转让的管理；三是

对许可证贸易的管理（许可证贸易是指专利权人或者技术供应方，允许他人实施其技术的技术贸易手段）；四是对技术商品价格的管理，即技术市场管理机构对技术价格的形成进行引导、监督和调整。

第二，技术市场参与者的管理。即对技术商品的出让者、受让者和技术商品经营机构（技术交易中介组织）的交易行为进行协调和依法监督，以及调解行为的各种经济纠纷，依法惩处各种不法行为，维护技术市场的正常秩序。

技术市场管理的基本内容包括：一是对技术出让方的管理，主要是审查转让技术权益的合法性，即技术商品的所有权和持有权。为此，需要根据专利法等，分清专利技术权益和非专利技术权益，以及职务发明和非职务发明的关系。二是对技术受让法的管理，主要是使其严格信守技术转让或技术实施合同。三是对技术中介方的管理，主要内容是对其资格及经营服务范围进行管理，中介机构具有经营和管理服务的双重身份。四是技术合同管理，主要内容是有技术商品的交易必须按照国家的有关法律如《合同法》等，订立书面合同，按照合同进行技术商品交易的实施。合同必须到管理机构如科委指定的公证机构进行公证。市场管理机构按照交易合同进行监督管理。五是技术商品交易的税收管理，即按法律和政策对技术商品的交易进行规定税费征收。

（2）教育管理类公共信息服务标准有《教育产品和教育市场管理信息服务标准》。第一，教育产品管理。教育事业生产是对人的培养过程，在这一过程中既要培养其适应和推动社会发展的知识和技能，也必须形成其与社会主导思想和意识形态相一致的思想和品德。为了保证各级各类教育按照国家的要求实施生产，也就必须对教育产品生产过程进行管理。在现代社会，对教育产品生产过程的管理不是要政府具体介入生产过程，而是政府教育管理部门要制定各级各类学校的总体的培养目标、基本的课程结构和基本的课程大纲等，要求各地区和各级各类学校结合自己的情况实施，并通过教育督导从外部进行检查和推进实施，在不削弱官方评估的基础上，发展非官方组织的教育评估作用，对其教育培养质量进行评估。同时，还要对教育投资、教育项目的执行等进行监督。

第二，教育市场管理。由于在教育过程中，学生与教师之间的资源和信息是不对称的，另外在实施义务教育后，通常有学区的划分，严格限制办学主体并要求学生必须在学区内就学等。故就其本质而言，教育具有垄断性。教育垄断性的存在会使学校失去质量压力和为学生服务的宗旨，缺乏竞争和改革的热情，从而降低教育效率，影响教育生产质量。为此，政府必须介入，管理教育市场。

因此，要建立教育产品生产的合理模式。教育事业产品作为准公共产品，通常可以有两种生产方式，即公共生产和非公共生产（私人生产）。在教育领域内，所谓公共生产，是指由政府办教育，以公共财政支出作为主要经费来源。所谓非公共生产，是指主要由非公共财政支出来承担教育经费的学校，即民办教育或民办学校。民办学校通常是非营利机构，即属于非政府组织的范畴，但在国外，也存在一些经营有明确的营利目的，并对之实行企业管理的民办学校。具体可分为三种教育产品提供方式：

第一，公立教育产品提供方式。现代社会的公立教育包括从初等教育到中等教育，再到高等教育的完整的教育体系。一般来说，总体上应采取政府投资和向受教育者收取一定费用的混合提供方式。教育产品按其层次，从初等教育到高等教育的公共性纯度和外部性是不同的，而外部性却是确定收费和政府补贴标准的重要依据。

具体言之，在初等、中等和高等三类教育中，初等教育的外部性是最高的，同时由于义务教育的实施，也是受益面最大而教育成本最低的。因此，初等教育应采用以政府补贴为主的方针。这一方针以补贴为主，基本上是一种近于无偿提供的财政政策，即使收费，一般也不超过其教育成本的1/4。这一方针不仅有利于提高资金效率，也能使最广泛的人获得政府的教育补贴，有利于促进社会公平。

中等教育的外部性次于初等教育。但是，由于在现代社会中，诸多国家都将初中阶段的教育纳入义务教育，因而往往在初中阶段采取近于初等教育的以政府为主的补贴方式，而在高中阶段则适度扩大受教育者对教育经费的承担比例。

高等教育的外部性又次于中等教育，或者说高等教育的收益首先体现在受教育者身上或企业上，因此在现代社会，公立高等教育虽然有公共财政支撑，但经常性支出应当大部分来自收费，政府的财政拨款主要应解决设备购置和教室、实验室等投资性支出。

第二，成人教育与职业教育产品提供方式。在现代社会中尤其是在市场经济条件下，成人教育与职业教育是关系到个人技能或全面素质的获得或继续提高的教育，就外部性而言，也是所有教育类别中外部性最小的一类教育。因此，成人教育与职业教育产品的合理提供方式是市场提供。因为，由于成人教育与职业教育的外部性最小，政府用大量资金去补贴外部性小的事业产品是不合适的，而且，成人教育的对象是工作后愿意读书的人，他们具有一定的支付能力，职业教育通常是直接为企业服务的，应由企业直接支付教育经费才是合理的。

第三，民办教育产品提供方式。在现代社会，民办教育在大多数国家中已发展为具有从小学到大学，从普通教育到各种专业教育类别的教育，成为公立教育的重要补充。对民办教育，当今世界中存在着两种不完全一致的产品提供方式：

一是私人生产，市场提供。即民办学校的收费标准由政府管理部门统一核定，或者完全交由办学者按市场供求来自行确定。就前者而言，实际上是一种计划与市场结合的指导价格。就后者而言，则是完全的市场价格。一般来说，在完全由市场决定教育收费的情况下，公立学校的存在，并且再加上政府如果能建立一个考核质量的公平而科学的竞争机制，即既不是以公立学校的标准为标准，也不是对民办学校降低标准或用另外的指标进行考核，而是对同一层次同一性质的公立教育和民办教育都用统一的标准进行衡量，那么，在可以自由选择的情况下，公众是可以通过收费与收益的对比来确定消费的。就此而论，在对待民办教育产品的提供上，政府"管其价格，不如管其质量"更符合市场竞争原则，也更能促进民办教育提供更好的教育产品。

二是私人生产、混合提供。即由民间投资建立学校，但政府通过对民办学校进行一定的补贴，将其收费、质量管理等纳入政府教育管理，形成民办教育与公立教育公平竞争的机制。实际上，就民办教育的绝大多数在注册和规范上都属于非营利机构来说，这种混合提供方式能更好地促进民办教育实现促进社会公共利益的组织目标，同时，也有利于政府教育管理部门从外部对民办教育进行有效的管理。

（3）文化、体育事业管理类公共服务信息标准有《文化产品与文化市场管理服务信息标准》。在现代社会，文化事业活动的内容日益丰富，在社会生活中占有重要的地位，同时，文化事业活动也是经济增长的重要方面。文化事业产品具有鲜明的准公共产品特征，但不同的文化活动的准公共性具有明显的差距，可大致分为公益性文化活动和营利性文化活动两大类，并且，文化事业产业化明显，文化市场成为文化事业产品提供的重要途径。因此，必须针对不同的文化事业活动的特点和规律，确立相应的公共政策，形成科学而合理的管理体制。

（4）在医疗卫生领域，制定《卫生事业管理类公共服务信息标准》。

（5）公共食品安全。在关系到公共食品安全的领域，制定《食品生产和食品市场的公共服务信息标准》，并且协助建立各种检验检疫服务类标准。

3. 标准数据的实施和维护

法人单位基础信息库的应用部门，如税务、统计、工商、金融、社会保障等部门在进行业务管理时，也应将收集到的单位情况的变更及时反馈到法人单位基础信息库。因此，在公共信息服务标准的制定中，还需要考虑制定策略，同时制定信息流动和交互最为必需的技术政策和管理规范。涉及的部门有中央机构编制委员会办公室（以下简称中央编办）、中华人民共和国民政部（以下简称民政部）、中华人民共和国国家工商行政管理总局（以下简称国家工商总局）、中华人民共和国国家检验检疫总局、中华人民共和国国家税务总局（以下简称国家税务总局）、中华人民共和国国家统计局（以下简称国家统计局），需要统一协调共同制定。

为了保证工商、质检、民政、编办能够动态地为法人单位基础信息库提供法人单位基础信息和分享法人单位基础信息库已有的信息成果，必须根据它们的信息化建设状况，在现有信息化建设的基础上，分别为它们新增部分系统功能。

质检、编办的信息化基础较好，都有相应的法人业务管理系统，能够采集到法人信息，因此只需在数据交换标准制定、数据交换接口软件开发方面进行建设，并增加相应的服务器、网络设备等。

工商各地都建立了企业法人业务管理系统，但缺乏一个全国性的企业法人数据库及相应的维护管理系统，因此要建设以下内容：数据交换标准制定、数据交换接口软件开发、企业法人数据库、维护管理系统，并增加相应的软硬件设施。

由于民政系统信息化基础较为薄弱，在民政法人管理过程中没有完全采用信息化手段，因此民政系统需要建设以下内容：数据交换标准制定、数据交换接口软件开发、民政法人业务管理库、业务管理系统，并增加相应的软硬件设施。

在日常维护工作中，作为权威的参考依据，法人单位基础信息库中的公共服务信息必须具有高度的真实性和准确性。根据规划，法人单位基础信息库将以组织机构代码为索引，以日为单位，每天汇总一次全国的数据。机构批准部门应通过变更登记、年检及其他信息化手段，动态跟踪组织机构客观情况的变化，并及时反馈到法人索引数据库中。如果有新成立的单位和已经注销的单位，机构批准部门也应及时将该信息传送到法人单位基础信息库中。

三、互操作性技术政策

实现跨政府部门之间的业务互操作性的技术政策包括四个主要的应用领域：网络系统互联、数据整合、内容管理元数据和电子服务访问渠道。

这只是为支持由政府提供的业务处理和服务、为整合政府部门内部信息系统而制定的必需的标准规范。政府部门应用法人单位基础信息库信息开展社会公共服务。

从政府各部门的业务信息系统来看，其数据信息通常包含两个部分：一是基本信息，二是部门业务信息。在这里，法人单位基础信息库信息既包含组织机构中的基本信息，也包含表示基本信息内容本身的检索，在数据库中发挥着横向索引功能。也就是说，法人单位基础信息库包含组织机构的基本信息，也指向其业务信息内容。法人单位基础信息库的这种横向检索功能与组织机构身份的唯一标识性相结合，能够极大地促进电子政务的行政业务协同与信息资源共享，理应成为国家电子政务建设的基石。应用既是建立法人单位基础信息库的初衷，也是其最终目的。信息共享的基本标准是共享机制的重要技术支撑。

第十三章 法人单位基础信息库公共服务的应用

电子政务的建设与应用不仅提高了政府的办公效率，而且提高了政府的决策品质与服务能力，蕴藏着巨大的社会效益。目前，电子政务已成为世界上许多国家公共管理的重要支撑工具之一。据联合国经济社会事务部调查显示，全球90%以上的国家都不同程度地开展了电子政务的建设。电子政务应用的根本目标是提高政府的工作效率与决策品质，最终促进公共服务水平的提高。

法人基础信息数据库是国家电子政务基础数据库之一，在电子政务、电子商务有着许多不可或缺的应用。法人基础信息数据库系统的建成必将对提高政府和行业部门的工作质量和效率起到不可替代的作用。

第一，通过公共服务标准，促进公共服务能力的提高。政府公共服务能力是政府在提供公共服务时所具备的内部条件和内在可能性，即地方政府在提供公共产品和服务时所拥有的能量和资源，包括地方政府所拥有的人力资源、财力资源、权力资源、权威资源等。同样的公共服务投入不一定产生相同水平的公共服务，通过制定公共服务的标准，促进公共服务能力的提高，进而达到均等化的目的。

第二，增强公共服务的规范性。政府公共服务的提供与企业产品或服务提供的共同之处在于，两者都将追求品质、改善品质、提高品质作为其改革和发展的目标。尽管全面质量管理在政府公共部门的实施有一定的困难和限制，但发达国家的经验表明，政府公共服务的全面质量管理将全面质量管理的管理理念和原则与公共部门公共服务的精神相结合，成为大幅度提升政府绩效和政府公共服务品质的有效途径和工具。

政府能力是公共服务均等化的基础和主要载体。实行全面质量管理，首先将一些直接面向公众服务的行业，如工商、税务、公安、海关等部门的公共服务行为纳入全面质量管理的标准化轨道，提高公共服务质量和政府公共服务能力，进而从根本上提高均衡化服务的能力。

充分利用组织机构代码数据库，既可以使各行业数据库在有效的索引平台上事半功倍地建设起来，也可以使政府利用统一的法人基础信息数据库动态地获得行业和市场变化的信息，从而指导产业结构的合理调整，还可以避免政府的不同职能部门为各自业务范围内的组织机构重复编码，从而减轻企业乃至全社会各个单位的负担。

组织机构代码数据库为解决我国政府部门之间存在已久的"信息孤岛"问题奠定了基础，为实现各部门数据库互联架起了桥梁。各管理部门的数据库如果都利用统一的法人单位标识，能够很快地建立起信息资源共享的平台。以组织机构代码为纽带，可以方便地查出法人主体在各个政府部门的管理范围之内的所有社会行为和表现，从而建立起全社会监管机制。例如，财政、税务、金融、外贸的有关部门可以利用法人基础信息数据库实现各部门之间信息的互通互联，加强联合监管，防止偷税、漏税及金融诈骗等问题，保障国家财政收入，减少税收流失，维护金融秩序。总之，随着我国社会主义经济体制改革的发展，适时地建立我国信息化的监管制度是实现国民经济信息化的必由之路，而统一的组织机构代码则是建立监管制度的必备条件。

公共信息服务平台是整顿规范市场经济秩序，建立以实名制为基础的社会信用体系的迫切需要。当前我国市场经济中出现的偷税、骗税、假冒、恶意欠债等失信行为，是社会发生深刻变革的历史进程中出现的新问题。完善我国信用体系的最重要方法就是政府用信息化手段尽快建立以实名制为基础的所有单位和个人在经济活动中的信誉档案，该档案包括每个社会活动主体的守法状况、经济活动状况、财务管理状况、纳税状况及产业业绩等，并在一定的条件下向社会公开其中一些信息，建立权威性的信用咨询系统。组织机构代码数据库建立的目的之一，就是在中国建立"单位实名制"，真实全面地记录每一个法人单位在其存续期间的状况。运用法人基础信息数据库建立中国的实名制制度，有利于防止管理部门出现的失信与腐败现象。

随着经济体制改革的深化，经济结构的调整力度加大，市场竞争加剧，经济运行中的一些深层次矛盾逐步显现，特别是如何保障国有企业下岗职工的基本生活和企业离退休职工养老金成为社会普遍关注的热点，这就使加强社会保障管理，健全和完善社会保障制度显得尤为重要。

在国民经济信息化建设领域，组织机构代码和公民身份证号相结合，就能有效地对所有组织机构及组织机构中的职工个人进行准确的标识。我国推广社会统筹和个人账户相结合的养老保险制度，决定了养老保险要实行统一的制度，保险费用由国家、单位和个人承担。逐步建立城镇社会统筹医疗基金与个人医疗账户相结合的医疗保险制度。通过这两个识别标识可以满足社会保障系统统计和管理的需要，可以使个人账户和单位账户之间的关系确定而且清晰，从而实现对保障基金的有效收缴、管理和发放。由此可见，充分利用组织机构代码和公民身份证号是建立强有力的社会保障的基础和有效途径。

通过参与和推动公民教育计划，可以激发公民的自豪感和社会责任感，进而演变成在多个层次上都得到体现的强烈愿望。政府领导要明确阐述并且鼓励公民的责任心，进而支持团体和个人参与法人单位基础信息库建设。尽管政府不能创造社会，但政府能够为有效的、负责任的公民行动奠定基础，这样人们会逐渐意识到政府是开放的、容易接近的，政府能够敏感地做出响应，政府的存在就是为了满足他们的需要。因此，关键在于确保政府是开放的、容易接近的，确保政府能够敏感地做出响应，确保政府的运作旨在服务于公民、为公民权创造机会。

法人单位基础信息库公共服务对于企业和社会公众的应用主要体现在基于法人单位基础信息库所构建的社会信用体系上。社会信用体系是适应市场经济和信用交易发展的内在要求，在信用信息公开化和相关服务专业化、社会化的基础上，将原来单个的市场主体之间的一次性或临时性博弈转变成单个市场主体与整个社会之间的长期反复的博弈，从而对每个市场主体都能够形成一种有效的社会守信激励与失信惩戒机制。但是，要实现社会信用体系的这种功效，首先必须建立和完善有关的各类标准。社会信用标准主要包括三个方面：社会征信平台建设的技术标准、信用服务标准、企业信用管理标准。以法人单位基础信息库为主索引的、由企业和有关机构的注册信息所构成的基本信息，应该作为信用主体及其信用档案的标识标准，成为社会征信平台建设技术标准的重要组成部分，从而使法人单位基础信息库成为社会信用信息收集、加工、流转的首要工具，并使单个市场主体真正地置身于无穷无尽的市场海洋中。

公共记录是各级政府及行政执法、刑事司法等各政府部门在依法开展各自的监督、管理与服务过程中所形成的有关各类组织机构的行为及其结果的信息记录，例如，有关某些组织机构的法院诉讼记录、某些行政执法机构的行政处罚记录、生产许可证、计量制造许可证、营业执照登记、商标登记证等记录。目前，我国的国家权力机构、国家行政机构、人民法院和人民检察院分别依法在各自的权力范围内行使职权，这些机构在依法管理过程中都会产生各种公共记录，也都各自建有相应的业务信息系统，例如，海关行政部门有海关的信息系统，工商行政部门有工商的信息系统，税务行政部门有税务的信息系统。然而，这些机构虽然都在各自的职权范围内进行有关公共记录的信息披露、数据采集和处理，但是相互之间却没有统一的信息征集标准，各部门信息不能在一个规范的标准下进行有效的整合以完整地反映一个组织机构的公共记录。

人类发展的本质是人的发展，而人的发展取决于一个国家（地区）的基本公共服务供给状况。因此，基本公共服务是人类发展的重要条件，也是人类发展的重要内容。教育承担着社会、经济、文化、政治等功能，是直接影响人类发展的重要因素。规范稳定的基本社会保障制度有助于提高全体社会成员的生活质量，营造安定有序的社会环境。就业是民生之本，是人民群众改善生活的基本前提和基本途径，决定着每个家庭的生计。对劳动者而言，就业和再就业是他们赖以生存、融入社会和实现人生价值的重要途径和基本权利；对社会而言，就业关系到亿万劳动者及其家庭的切身利益，是促进社会和谐的重要基础；对经济发展而言，从就业关系到劳动力要素与其他生产要素的结合，是生产力发展的基本保证；对国家而言，就业是民生之本，是国家稳定之基，也是安国之策。公共就业服务是促进就业的重要手段，是缓解就业压力的重要途径。法人单位基础信息库公共信息标准化是提供准确信息的必要条件。

进一步的工作是在各级政府部门逐步建立和完善标准统一、互为补充、相互共享且能适时更新的法人单位基础信息库，已成为国家电子政务信息化建设的重要基础工程。

法人基础信息库在国家、各省市的信息化和电子政务规划都被列入着重建设项目，将为国家电子政务提供规范、完整、实效的法人单位基础信息服务，实现跨行业的法人单位基础信息共享。将填补我国组织机构信息化基础建设的空白，为政府有关部门在业务管理中全面、准确、及时、动态地了解和掌握有关组织机构的基本信息提供统一平台，在此基础上结合本部门专业信息，将会极大地增强政府有关部门对市场、金融、税务、海关等的监管力度，提高监管水平和工作效率。同时，对政府各部门的宏观决策和社会公共信息服务等提供基础信息支撑。

第一节　实名身份认证

利用网络为组织机构提供核查其他组织机构身份（实名）信息服务，用户可通过该服务对组织机构（实名）信息进行授权管理，也可通过授权权限查看其他组织机构（实名）信息，包括电子商务、B2C、C2C 的卖家和买家身份的认证、电子签名、电子支付、知识产权保护等都有广泛的要求。例如，政府采购网中企业身份认定，它的用户群是法人单位，除银行、法院等部门外，质量检验部门、医药监管部门和公众都有很大需求。通过在不同业务系统中所应用的法人单位基础信息库就可以对特定类型的市场主体如"假活动单位"进行监控，避免市场活动中的不法行为。

第二节　企业信誉服务

企业信誉是使公众认知的心理转变过程，是企业行为取得社会认可，从而取得资源、机会和支持，进而完成价值创造的能力的总和。从理论上讲，企业存在的所有信息都可以被看作企业信誉的内容。

1996 年，斯特恩商学院的名誉教授查尔斯·丰布兰（Charles Fombrun）较明确地给出了企业信誉的定义："企业信誉是一个企业过去一切行为及结果的合成表现，这些行为及结果描述了企业向各类利益相关者提供有价值的产出的能力。"

企业信誉理论和信誉管理在最近几年开始融入主流管理学。

企业信誉是企业在其生产经营活动中所获得的社会上公认的信用和名声。企业信誉好则表示企业的行为得到社会的公认好评，如恪守诺言、实事求是、产品货真价实、按时付款等；而企业信誉差则表示企业的行为在公众中印象较差，如欺骗、假冒伪劣、偷工减料、以次充好、故意拖欠货款、拖欠银行贷款等。

企业信誉是企业无形的资本，较高的信誉是企业立足市场求得发展、获得竞争优势的法宝，有利于企业降低融资成本、规范商业风险、改善经营管理、提高社会知名度、扩大市场份额。因此，塑造企业良好的信誉是每一个企业应注重和着重解决的问题，各种利益相关人是企业信誉形成的载体。

一、企业和利益相关人的价值互动

企业和利益相关人之间由于现实的资源互补性而存在多重交换关系，两者都通过专用性的投资和互惠性的活动为对方提供可预期的价值收益。双方通过建立利益关联体系，不断实现利益关系的价值提升。利益相关人通过资源调配、社会支持、产业结构影响等多方面活动来为企业提供多方面的价值收益，而企业通过创新、生产、销售等活动来提高价值生产系统的效率，向利益相关人提供经济、社会和环境多方面的物质和精神的价值回馈，双方的资源与活动被有机地融合到各自价值创造的各个环节中。这也正是企业存在和发展的合理性的最优注解。这种价值互动经过一定时间的累积并经过理性的思维判断，便产生了信誉，从而彼此维系着长期的合作或交换关系，进而实现社会资源的有效共享。由此，企业信誉首先是为企业创造价值的资产，但是企业信誉并不附着于企业或产品本身（即好产品不能代表好信誉），而是各利益相关人的价值体系和价值判断。

二、利益相关人的三个层次

企业及其利益相关人的集合，是经济个体存在的基本要件。根据相关度分析，企业的利益相关人可分为以下几个层次：

一是基本利益相关人——由股东、管理者、员工等组成的关键性群体，也称自我群体。他们是企业价值创造系统的基础性资源、主力支撑体系、企业信誉体系的直接构建者。

　　二是预期利益相关人——联系密切的合作者，包括客户、关联企业、科研支撑机构等，是企业价值创造系统的支持体系，决定企业价值创造系统的效率，他们也是企业信誉的主要评判者。

　　三是潜在利益相关人——对企业价值创造系统有一定影响的社会政治环境领域，包括政府、社会和社团组织、工会等，是辅助体系，它们通过对企业经营环境的营造作用于企业。不同体系的利益相关人对企业的影响是不同的，企业给予不同利益相关人的回馈亦不同。虽然企业价值创造的模式不尽相同，但利益相关人的范围是不容人为选择的。企业生命延续的过程就是企业与利益相关人资源共享、利益共赢的过程。

　　作为政府权威机构，为预期利益相关人和潜在利益相关人提供准确信息以供查询，以便在市场经济条件下，微观主体之间的交往中建立信誉认可和信誉承诺。例如，一些企业信誉评价体系和评价机构，适时评估，适时授信，并在一个专业媒介或大众化的渠道（如互联网）中定期公布企业的信誉信息，以实现信誉信息的公开与共享。

第三节　统一社会信用代码制度的建立

　　2015年6月，国务院公布了《关于转批发展改革委等部门法人和其他组织统一社会信用代码制度建设总体方案的通知》（国发〔2015〕33号），正式明确了法人和其他组织统一社会信用代码的顶层制度设计。

　　统一代码方案实施后，数据的管理和数据资源的应用推广将成为代码管理部门新的工作职能。为了进一步发挥代码数据资源价值，更好地服务于相关政府应用部门和提供商业服务，利用互联网数据采集技术，构建互联网数据采集平台，构建基于大数据的互联网数据采集平台，拓宽数据采集渠道，抓取互联网数据，增厚组织机构代码数据库基础数据，为建设应用共享服务平台做好底层数据基础，互联网数据资源与代码中心的其他数据资源一起，构成综合资源数据库。

　　在综合资源数据库的基础上，通过后续应用产品的开发和项目落地，提升代码价值，服务政府和社会，最终实现中心的战略转型和长远发展。要转变政府职能，简政放权，建立服务型政府，这要求我们既要下决心减少政府对微观经济运行的干预，又要研究加强事中、事后监管的新举措和新工具。

第四节　未来发展趋势思考

积极推进建立以国家基础信息库为基础的国家主数据库。有关公民、法人身份基本信息的数据库建设早就被纳入国家信息化和电子政务建设的重要内容。早在2002年，《国家信息化领导小组关于我国电子政务建设指导意见》（中办发〔2002〕17号）就将人口基础信息库、法人单位基础信息库、自然资源和空间地理基础信息库、宏观经济数据库作为国家电子政务建设的重要组成部分，而且在此后的几乎所有有关信息化和电子政务建设的重大文件与规划中，这四大基础信息库也都同样被作为重要的建设内容。

中办发〔2002〕17号文件虽然第一次提出了"基础数据（信息）库"的概念，不过对于如何认识、如何建设这几大基础数据库，却没有做出明确的安排。《国家电子政务总体框架》（国信〔2006〕2号）试图解决这个问题，指出基础信息资源来源于相关部门的业务信息，具有基础性、基准性、标识性、稳定性等特征。人口、法人单位、自然资源和空间地理信息等信息的采集部门要按照"一数一源"的原则，避免重复采集，结合业务活动的开展，保证基础信息的准确、完整、及时更新和共享。

然而，虽然国信〔2006〕2号文件界定了基础数据的性质并明确了建设原则和管理要求，但是对其信息架构、技术手段、实现方式等问题却没有进行说明。实际上，就信息化而言，必须通过构建一定的业务、数据模型才能对具体实施工作提供指导，否则仅有这些抽象的原则和要求仍然难以指导各部门的信息化业务系统建设。所以说，国信〔2006〕2号文件也只是部分地解决了基础数据的认识和建设问题，但是其具体的技术实现路径和方法却未能明确和规范，从而仍然不能科学有效地指导和推动四大基础数据库的建设。

类似电子政务领域的所谓"基础信息"的现象在其他行业和领域也都存在，如银行有关客户的基础信息，航空公司有关旅客的基础信息，产品制造企业的产品设计、产品结构、物料清单等有关产品生产制造的基本信息。这些行业和领域对于基础信息的技术处理与实现经历了一个不断演变的过程，并最终解出一套系统的有关期出信息的采集、存储、更新、共享应用的理论与方法，即主数据管理。近年来，主数据库管理系统已经成为银行、大型产品设计制造企业、航空公司实现基础信息共享的标准方法。

主数据的内涵与所谓的"数据稳定性"密切相关。所调的"数据稳定性"是指：①数据位于现代数据处理系统的核心；②业务处理是多变的，而数据在性质上是不确定的；③一些数据与业务处理一起变化，而另一些数据则相对不变。这些性质相对不变的数据即为主数据。就企业信息化建设而言，所谓主数据是指满足跨部门业务协同需要的、反映核心业务实体状态属性的企业（组织机构）的基础信息。主数据具有超越部门、超越流程、超越主题、超越系统、超越技本等特征。从这些特性来看，主数据及主数据管理不仅特别契合国信〔2006〕2 号文件对于人口、法人等基础信息库的建设要求，而且因为具有比较系统的理论框架，所以对电子政务项目建设具有很具体的指导意义。

我们可以将电子政务四大基础信息库称为国家主数据库，今后应该应用主数据管理的理论和方法去指导国家的电子政务信息资源建设，解决长期以来导致电子政务基础信息库建设的各自为政、重复建设、资源浪费等问题。

附　录

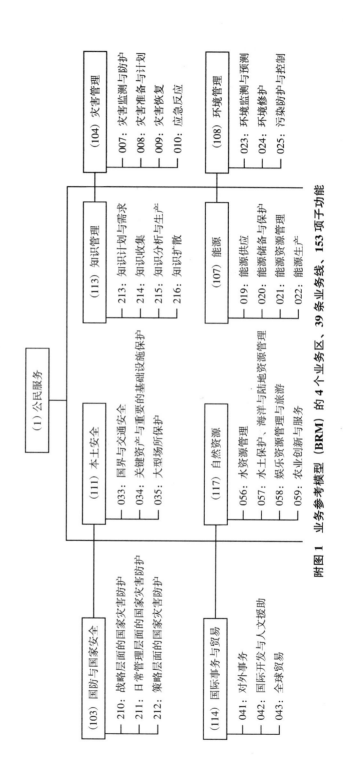

附图 1　业务参考模型（BRM）的 4 个业务区、39 条业务线、153 项子功能

- （1）公民服务
  - （111）本土安全
    - 033：国界与交通安全
    - 034：关键资产与重要的基础设施保护
    - 035：大型场所保护
  - （117）自然资源
    - 056：水资源管理
    - 057：水土保护、海洋与陆地资源管理
    - 058：娱乐资源管理与旅游
    - 059：农业创新与服务
  - （113）知识管理
    - 213：知识计划与需求
    - 214：知识收集
    - 215：知识分析与生产
    - 216：知识扩散
  - （107）能源
    - 019：能源供应
    - 020：能源储备与保护
    - 021：能源资源管理
    - 022：能源生产
  - （104）灾害管理
    - 007：灾害监测与防护
    - 008：灾害准备与计划
    - 009：灾害恢复
    - 010：应急反应
  - （108）环境管理
    - 023：环境监测与预测
    - 024：环境修护
    - 025：污染防护与控制
  - （103）国防与国家安全
    - 210：战略层面的国家灾害防护
    - 211：日常管理层面的国家灾害防护
    - 212：策略层面的国家灾害防护
  - （114）国际事务与贸易
    - 041：对外事务
    - 042：国际开发与人文援助
    - 043：全球贸易

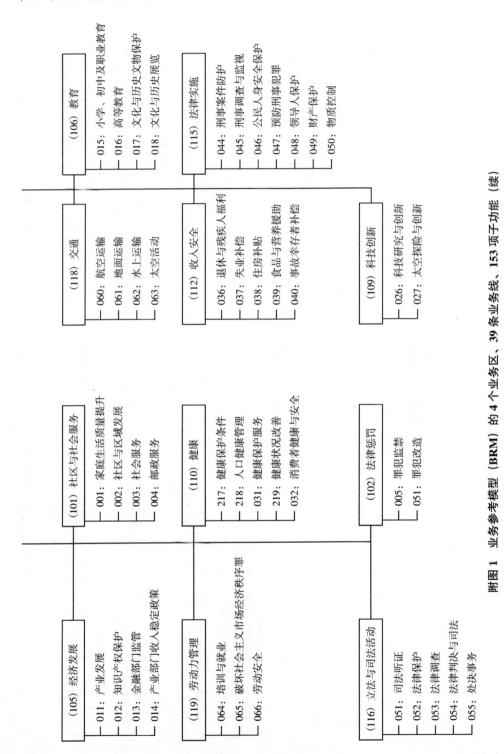

(106) 教育
- 015: 小学、初中及职业教育
- 016: 高等教育
- 017: 文化与历史文物保护
- 018: 文化与历史展览

(115) 法律实施
- 044: 刑事案件防护
- 045: 刑事调查与监视
- 046: 公民人身安全保护
- 047: 预防刑事犯罪
- 048: 领导人保护
- 049: 财产保护
- 050: 物质控制

(118) 交通
- 060: 航空运输
- 061: 地面运输
- 062: 水上运输
- 063: 太空活动

(112) 收入安全
- 036: 退休与残疾人福利
- 037: 失业补偿
- 038: 住房补贴
- 039: 食品与营养援助
- 040: 事故幸存者补偿

(109) 科技创新
- 026: 科技研究与创新
- 027: 太空探险与创新

(101) 社区与社会服务
- 001: 家庭生活质量提升
- 002: 社区与区域发展
- 003: 社会服务
- 004: 邮政服务

(110) 健康
- 217: 健康保护条件
- 218: 人口健康管理
- 031: 健康保护服务
- 219: 健康状况改善
- 032: 消费者健康与安全

(102) 法律惩罚
- 005: 罪犯监禁
- 051: 罪犯改造

(105) 经济发展
- 011: 产业发展
- 012: 知识产权保护
- 013: 金融部门监管
- 014: 产业部门收入稳定政策

(119) 劳动力管理
- 064: 培训与就业
- 065: 破坏社会主义市场经济秩序罪
- 066: 劳动安全

(116) 立法与司法活动
- 051: 司法听证
- 052: 法律保护
- 053: 法律调查
- 054: 法律判决与司法
- 055: 处决事务

附图1 业务参考模型（BRM）的4个业务区、39条业务线、153项子功能（续）

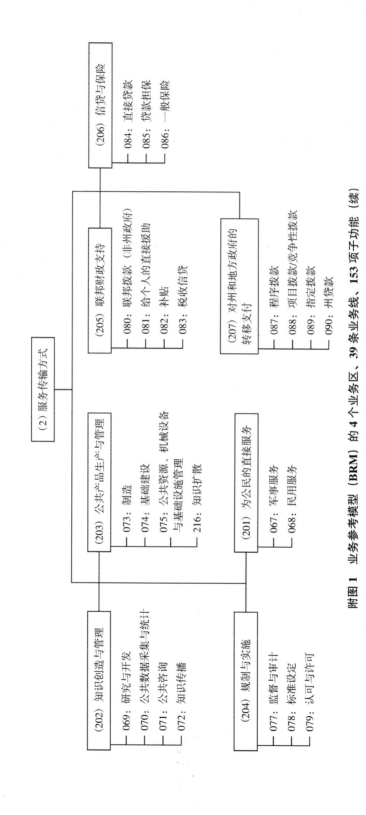

附图 1 业务参考模型 (BRM) 的 4 个业务区、39 条业务线、153 项子功能（续）

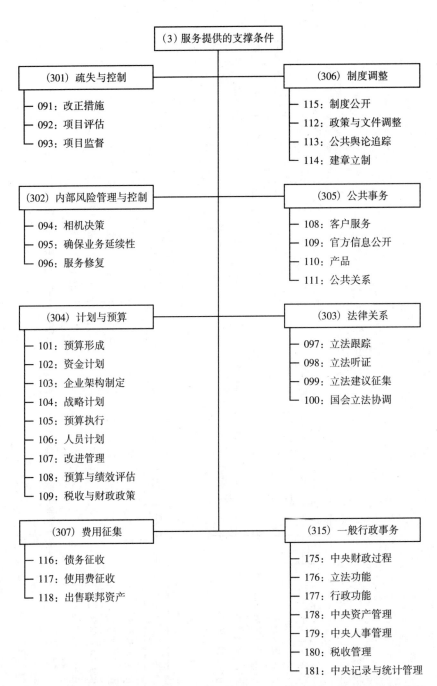

(3) 服务提供的支撑条件

(301) 疏失与控制
— 091：改正措施
— 092：项目评估
— 093：项目监督

(306) 制度调整
— 115：制度公开
— 112：政策与文件调整
— 113：公共舆论追踪
— 114：建章立制

(302) 内部风险管理与控制
— 094：相机决策
— 095：确保业务延续性
— 096：服务修复

(305) 公共事务
— 108：客户服务
— 109：官方信息公开
— 110：产品
— 111：公共关系

(304) 计划与预算
— 101：预算形成
— 102：资金计划
— 103：企业架构制定
— 104：战略计划
— 105：预算执行
— 106：人员计划
— 107：改进管理
— 108：预算与绩效评估
— 109：税收与财政政策

(303) 法律关系
— 097：立法跟踪
— 098：立法听证
— 099：立法建议征集
— 100：国会立法协调

(307) 费用征集
— 116：债务征收
— 117：使用费征收
— 118：出售联邦资产

(315) 一般行政事务
— 175：中央财政过程
— 176：立法功能
— 177：行政功能
— 178：中央资产管理
— 179：中央人事管理
— 180：税收管理
— 181：中央记录与统计管理

附图 1　业务参考模型（BRM）的 4 个业务区、39 条业务线、153 项子功能（续）

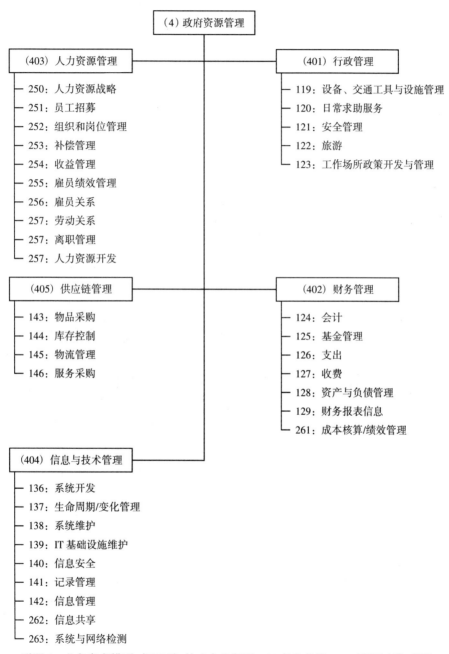

附图1 业务参考模型（BRM）的4个业务区、39条业务线、153项子功能（续）

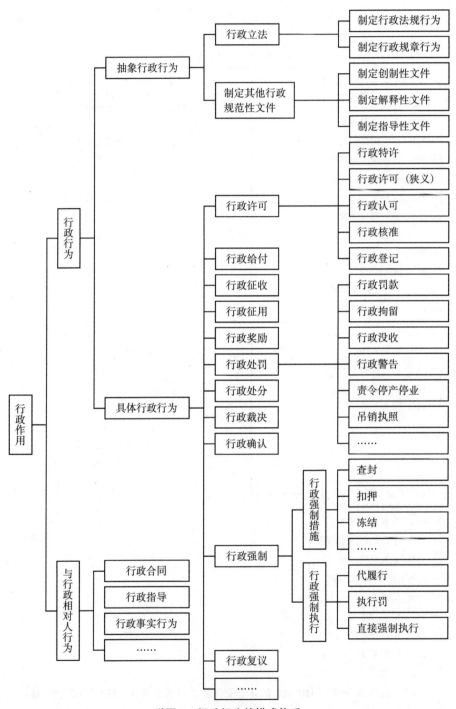

附图 2 行政行为的模式体系

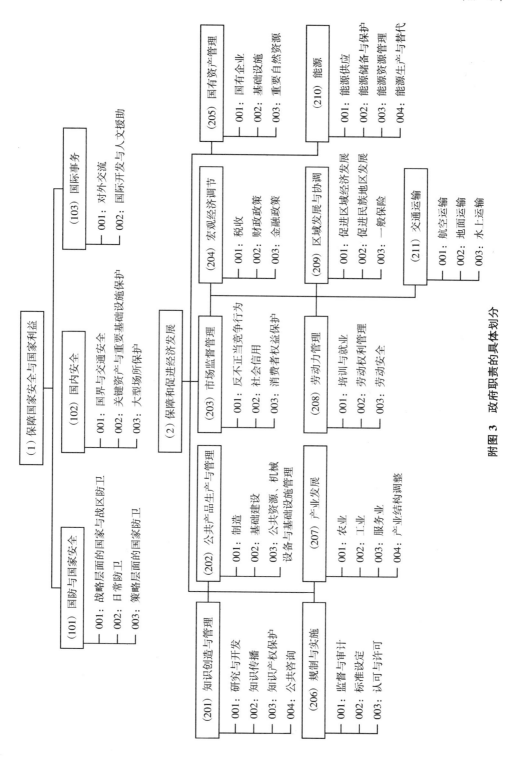

附图 3　政府职责的具体划分

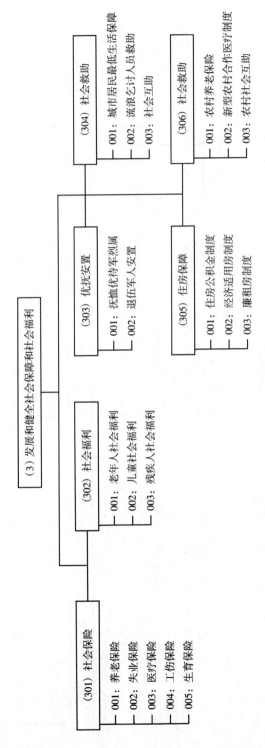

附图 3 政府职责的具体划分（续）

(3) 发展和健全社会保障和社会福利

(301) 社会保险
- 001: 养老保险
- 002: 失业保险
- 003: 医疗保险
- 004: 工伤保险
- 005: 生育保险

(302) 社会福利
- 001: 老年人社会福利
- 002: 儿童社会福利
- 003: 残疾人社会福利

(303) 优抚安置
- 001: 抚恤优待军烈属
- 002: 退伍军人安置

(304) 社会救助
- 001: 城市居民最低生活保障
- 002: 流浪乞讨人员救助
- 003: 社会互助

(305) 住房保障
- 001: 住房公积金制度
- 002: 经济适用房制度
- 003: 廉租房制度

(306) 社会救助
- 001: 农村养老保险
- 002: 新型农村合作医疗制度
- 003: 农村社会互助

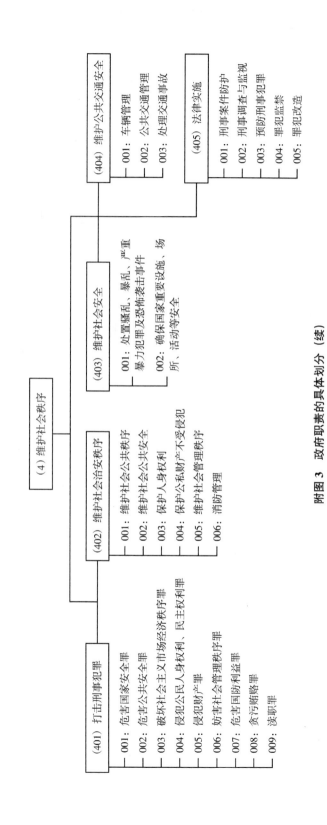

附图 3 政府职责的具体划分（续）

（4）维护社会秩序

（401）打击刑事犯罪
- 001：危害国家安全罪
- 002：危害公共安全罪
- 003：破坏社会主义市场经济秩序罪
- 004：侵犯公民人身权利、民主权利罪
- 005：侵犯财产罪
- 006：妨害社会管理秩序罪
- 007：危害国防利益罪
- 008：贪污贿赂罪
- 009：渎职罪

（402）维护社会治安秩序
- 001：维护社会公共秩序
- 002：维护社会公共安全
- 003：保护人身权利
- 004：保护公私财产不受侵犯
- 005：维护社会管理秩序
- 006：消防管理

（403）维护社会安全
- 001：处置骚乱、暴乱、严重暴力犯罪及恐怖袭击事件
- 002：确保国家重要设施、场所、活动等安全

（404）维护公共交通安全
- 001：车辆管理
- 002：公共交通管理
- 003：处理交通事故

（405）法律实施
- 001：刑事案件防护
- 002：刑事调查与监视
- 003：预防刑事犯罪
- 004：罪犯监禁
- 005：罪犯改造

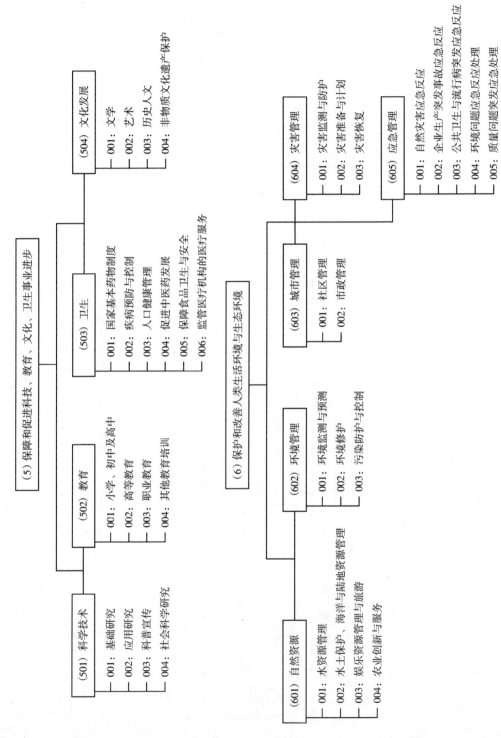

附图 3 政府职责的具体划分（续）

（5）保障和促进科技、教育、文化、卫生事业进步

（501）科学技术
- 001：基础研究
- 002：应用研究
- 003：科普宣传
- 004：社会科学研究

（502）教育
- 001：小学、初中及高中
- 002：高等教育
- 003：职业教育
- 004：其他教育培训

（503）卫生
- 001：国家基本药物制度
- 002：疾病预防与控制
- 003：人口健康管理
- 004：促进中医药发展
- 005：保障食品卫生与安全
- 006：监管医疗机构的医疗服务

（504）文化发展
- 001：文学
- 002：艺术
- 003：历史人文
- 004：非物质文化遗产保护

（6）保护和改善人类生活环境与生态环境

（601）自然资源
- 001：水资源管理
- 002：水土保护、海洋与陆地资源管理
- 003：娱乐资源管理与旅游
- 004：农业创新与服务

（602）环境管理
- 001：环境监测与预测
- 002：环境修复
- 003：污染防护与控制

（603）城市管理
- 001：社区管理
- 002：市政管理

（604）灾害管理
- 001：灾害监测与防护
- 002：灾害准备与计划
- 003：灾害恢复

（605）应急管理
- 001：自然灾害应急反应
- 002：企业生产突发事故应急反应
- 003：公共卫生与流行病应急反应
- 004：环境问题应急反应
- 005：质量问题突发应急处理

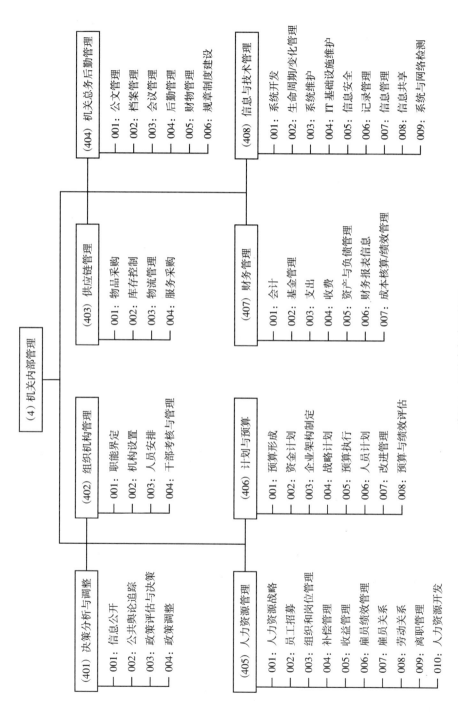

附图 4　机关内部资源管理

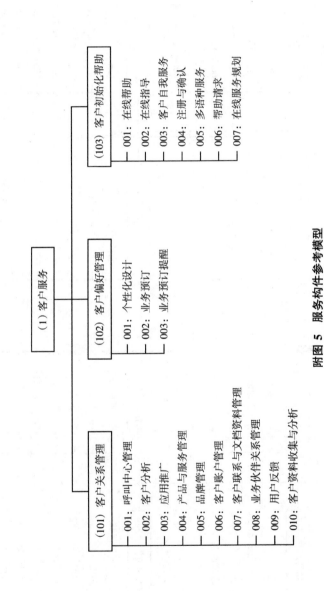

附图 5　服务构件参考模型

（1）客户服务

（101）客户关系管理
- 001：呼叫中心管理
- 002：客户分析
- 003：应用推广
- 004：产品与服务管理
- 005：品牌管理
- 006：客户账户管理
- 007：客户联系与文档资料管理
- 008：业务伙伴关系管理
- 009：用户反馈
- 010：客户资料收集与分析

（102）客户偏好管理
- 001：个性化设计
- 002：业务预订
- 003：业务预订提醒

（103）客户初始化帮助
- 001：在线帮助
- 002：在线指导
- 003：客户自我服务
- 004：注册与确认
- 005：多语种服务
- 006：帮助请求
- 007：在线服务规划

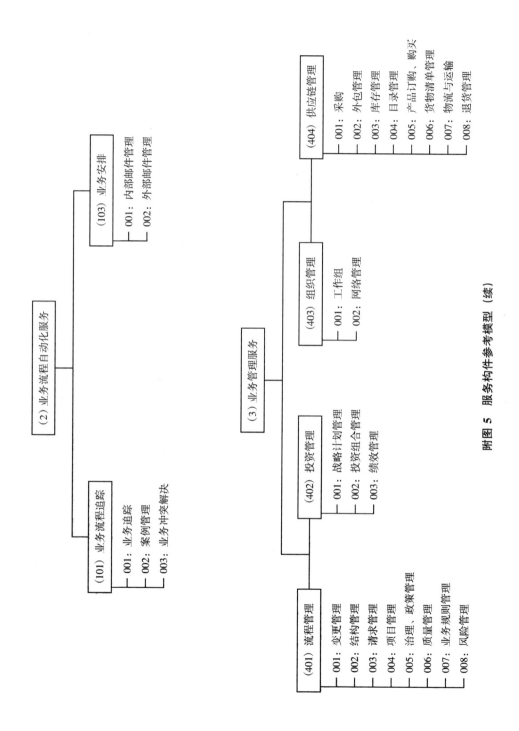

附图 5　服务构件参考模型（续）

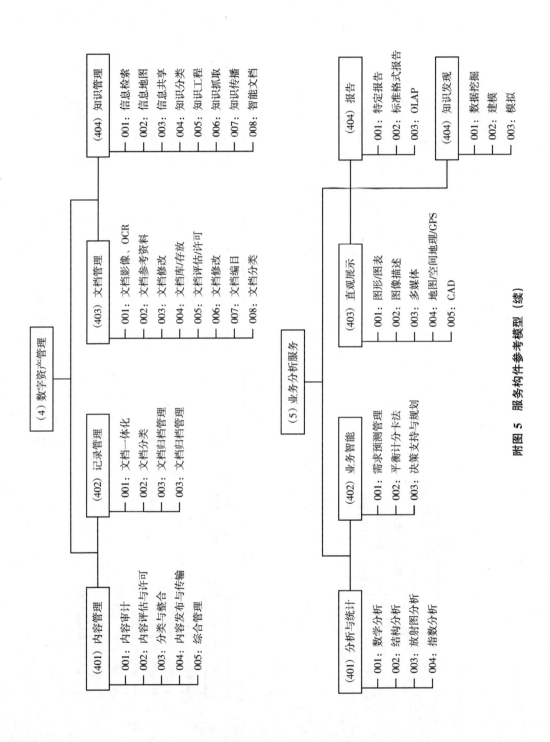

附图 5 服务构件参考模型（续）

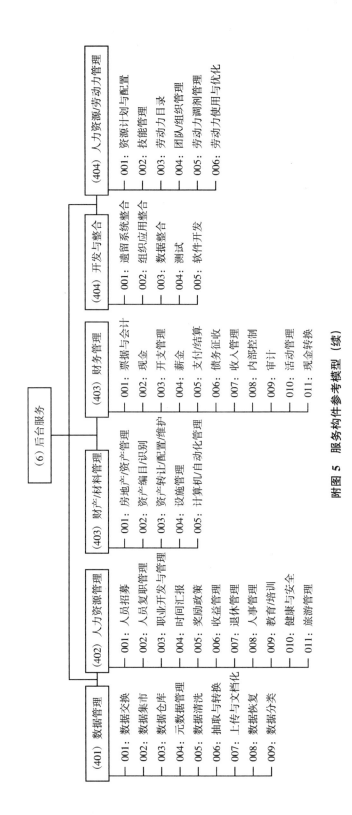

（6）后台服务

（401）数据管理
- 001：数据交换
- 002：数据集市
- 003：数据仓库
- 004：元数据管理
- 005：数据清洗
- 006：抽取与转换
- 007：上传与文档化
- 008：数据恢复
- 009：数据分类

（402）人力资源管理
- 001：人员招募
- 002：人员复职管理
- 003：职业开发与管理
- 004：时间汇报
- 005：奖励政策
- 006：收益管理
- 007：退休管理
- 008：人事管理
- 009：教育/培训
- 010：健康与安全
- 011：旅游管理

（403）财产/材料管理
- 001：房地产/资产管理
- 002：资产编目/识别
- 003：资产转让/配置维护
- 004：设施管理
- 005：计算机/自动化管理

（403）财务管理
- 001：票据与会计
- 002：现金
- 003：开支管理
- 004：薪金
- 005：支付/结算
- 006：债务征收
- 007：收入管理
- 008：内部控制
- 009：审计
- 010：活动管理
- 011：现金转换

（404）开发与整合
- 001：遗留系统整合
- 002：组织应用整合
- 003：数据整合
- 004：测试
- 005：软件开发

（404）人力资源/劳动力管理
- 001：资源计划与配置
- 002：技能管理
- 003：劳动力目录
- 004：团队/组织管理
- 005：劳动力调剂管理
- 006：劳动力使用与优化

附图 5 服务构件参考模型（续）

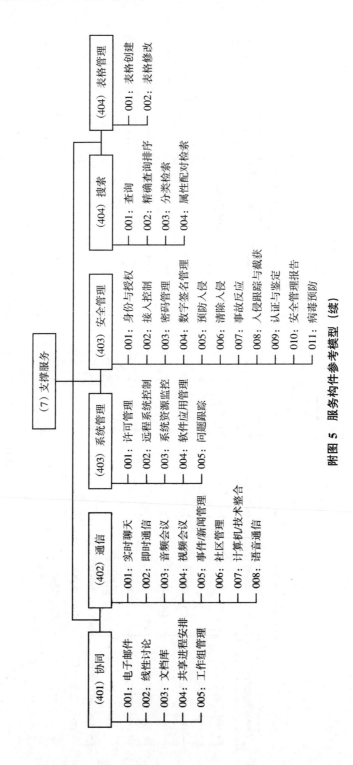

附图 5 服务构件参考模型（续）

(7) 支撑服务

(401) 协同
- 001: 电子邮件
- 002: 线性讨论
- 003: 文档库
- 004: 共享进程安排
- 005: 工作组管理

(402) 通信
- 001: 实时聊天
- 002: 即时通信
- 003: 音频会议
- 004: 视频会议
- 005: 事件渐闻管理
- 006: 社区管理
- 007: 计算机/技术整合
- 008: 语音通信

(403) 系统管理
- 001: 许可管理
- 002: 远程系统控制
- 003: 系统资源监控
- 004: 软件应用管理
- 005: 问题跟踪

(403) 安全管理
- 001: 身份与授权
- 002: 接入控制
- 003: 密码管理
- 004: 数字签名管理
- 005: 预防入侵
- 006: 清除入侵
- 007: 事故反应
- 008: 入侵眼踪与截获
- 009: 认证与鉴定
- 010: 安全管理报告
- 011: 病毒预防

(404) 搜索
- 001: 查询
- 002: 精确查询排序
- 003: 分类检索
- 004: 属性配对检索

(404) 表格管理
- 001: 表格创建
- 002: 表格修改

附表 1　北京市政府机构及其职责分布

保障国家安全	维护社会秩序	保障和促进科技教育文化进步	健全和发展社会保障和社会福利	保护和改善人类生活环境与生态环境	保障和促进经济发展	
北京市国家安全局	北京市公安局	北京市文物局	北京市民政局	北京市环保局	北京市发改委	北京市农委
北京市国家保密局	北京市交通委	北京市教委	北京市计生委	北京市园林绿化局	北京市财政局	北京市农业局
北京市地震局	北京市监狱管理局	北京市科委	北京市卫生局	北京市水务局	北京市商务局	北京市建委
北京市人防办	北京市劳教局	北京市文化局	北京市中医药管理局	北京市气象局	北京市工商局	北京市工业促进局
北京市民委	北京市天安门管委会	北京市体育局	北京市劳动和社会保障局	北京市国土资源局	北京市国资委	北京市信息办
北京市外办	北京市西客站管委会	北京市新闻出版局			北京市中关村管委	北京市乡镇企业局
北京市侨办	北京市司法局	北京市广播电视局			北京市粮食局	北京市无线电管理局
	北京市政管委	北京市旅游局			亦庄经济技术开发区管委会	北京市通信管理局
	北京市信访办	北京市文化执法总队			北京市烟草专卖局	北京市质监局
	北京市城管执法局	北京市知识产权局			北京市投资促进局	北京市国税局
	北京市路政局	北京市新闻办			北京市安全生产监督局	北京市地税局
	北京市监察局	北京市档案局			北京市药监局	北京市审计局
	北京市规划委	北京市2008工程指挥部			北京市统计局	北京市人事局
					北京市邮政管理局	

附表 2　北京市政府五个业务部门的业务事项列表

类别	序号	业务事项名称
		发展改革委
核心职能	1	本市国民经济和社会发展战略、中长期规划和年度计划
	2	对本市国民经济运行进行监测、预测，提出应急预案
	3	按权限审批和上报固定资产投资项目
	4	负责起草本市国民经济和社会发展以及经济体制改革、对外开放方面的地方性法规和规章草案
内部审批	1	政府投资项目建议书审批（权限内）
	2	政府投资项目可行性研究报告审批（权限内）
	3	上报国家发改委审批的政府投资项目审核
行政许可	1	以招标方式确定政府投（融）资项目的项目法人
	2	城市基础设施特许经营
	3	不使用政府投资的农林水利类投资项目核准（权限内）
	4	不使用政府投资的能源类投资项目核准（权限内）
	5	不使用政府投资的交通运输类投资项目核准（权限内）
	6	不使用政府投资的原材料类投资项目核准（权限内）
	7	不使用政府投资的轻工烟草类投资项目核准（权限内）
	8	不使用政府投资的城建类投资项目核准（权限内）
	9	不使用政府投资的社会事业类投资项目核准（权限内）
	10	外商投资项目核准（权限内）
	11	企业境外投资项目核准（权限内）
	12	《政府核准的投资项目目录》以外的企业投资项目备案
	13	煤炭生产许可证核发
	14	煤炭经营企业设立许可
	15	矿长资格证核发
	16	电工进网作业许可证核发
	17	承装（修）电力设施许可证核发
	18	股份有限公司发行境内上市外资股审核
	19	地方企业发行企业债券审批
	20	价格评估人员执业资格认定
	21	价格评估机构资质认定
	22	股份有限公司（有限责任公司变更股份有限公司）设立、合并及分立审批

类别	序号	业务事项名称
		发展改革委
行政许可	23	股份有限公司发行新股审批
	24	依法必须招标项目的招标范围和招标方式等有关招标内容核准（权限内）
行政征收	1	防洪工程建设维护管理费
	2	超限额用能加价收费
	3	城市基础设施建设费
其他行政执法	1	投资项目进口设备免税（《国家鼓励发展的内外资项目免税确认书》）办理
	2	投资项目进口设备免税（《外商投资企业进口更新设备、技术及配备件证明》）办理
	3	代办农产品（粮、棉）关税配额
	4	外国贷款项目初审
	5	政府定价目录范围内商品或服务价格制定
	6	跨省区或规模较大的中小企业信用担保机构设立与变更初审
	7	工程咨询单位资格认定初审
	8	中央投资项目招标代理机构资格认定初审
	9	上报国家发改委许可的企业投资项目初审
	10	外地政府驻京办事机构设立及登记事项变更
	11	行政事业性收费项目收费标准审批
	12	资源综合利用企业、项目的认定
	13	高新技术重点项目及成果产业化项目认定
		路政局
核心职能	1	拟定本市道路、桥梁、轨道等交通基础设施建设及维修养护的年度计划，并组织实施
	2	本市养路费征稽、道路规费的管理
	3	负责道路、桥梁、轨道及相关配套设施的安全管理
行政许可	1	公路用地范围内设置非公路标志
	2	建设工程占用、挖掘公路或者使公路改线许可
	3	超过公路或公路桥梁限载标准行驶许可
	4	跨越、穿越公路及在公路用地范围内埋设管线、电缆设施许可
	5	公路增设平面交叉道口
	6	履带车、铁轮车或者超重、超高、超长车辆在城市道路行驶许可

续表

类别	序号	业务事项名称
路政局		
行政许可	7	临时占用城市道路批准
	8	挖掘城市道路批准
	9	城市桥梁上架设各类市政管线审批
	10	公路建设项目施工许可
	11	公路工程竣工验收
	12	收费公路收费站设立调整
	13	收费公路收费期限确定
	14	国道收费权（含期限）转让批准
	15	国道以外的其他公路收费权（含期限）转让批准
	16	新、扩、改建的城市道路交付使用后 5 年内、大修的城市道路竣工后 3 年内挖掘许可
行政征收	1	养路费征收
	2	城市道路（公路）占用费征收
	3	城市道路挖掘修复费征收
北京市教委		
核心职能	1	统一管理全市学前教育、初等教育、中等教育、高等教育以及其他各类教育事业，统筹协调指导全市教育工作
	2	统筹全市教育资源
行政许可	1	中小学校转让土地许可
	2	中外合作办学机构（大学专科及其以下教育机构）正式设立、变更、终止审批
	3	中外合作办学机构（大学专科及其以下教育机构）筹备设立审批
	4	中外合作办学机构聘任校长或者主要行政负责人，变更合作举办者、住所、法定代表人、校长或者主要行政负责人的核准
	5	举办实施高等专科教育、非学历教育和高级中等教育自学考试助学、文化补习、学前教育等中外合作办学项目审批
	6	民办学校聘任校长、变更举办者的核准
	7	实施学历教育、学前教育、自学考试助学及其他文化教育的民办学校设立、变更、终止批准
	8	民办学校以捐赠者姓名或者名称作为校名的审批
	9	教师资格认定
	10	中小学地方课程教材编写审批

类别	序号	业务事项名称
		北京市教委
行政许可	11	高等学校和其他高等教育机构章程修改的核准
	12	高等职业学校和其他高等教育机构的设立、变更、终止的审批
	13	利用互联网实施远程学历教育的教育网校审批
	14	举办国际教育展览审批
		公安局
核心职能	1	维护社会治安
	2	预防、制止和侦查违法犯罪活动，处置治安事故和骚乱，依法管理集会、游行、示威活动
	3	管理特种行业和危险物品
	4	维护交通安全和交通秩序，处理交通事故
行政许可	1	禁放区外储存烟花爆竹批准
	2	穿越禁放区内运输烟花爆竹批准
	3	非禁放区内的禁放点燃放烟花爆竹的批准
	4	养犬登记
	5	外省市长途客运车辆通行许可
	6	旅游客运汽车旅游通行许可
	7	出租汽车企业治安登记
	8	参照境外消防设计规范的消防设计审核
	9	施工现场消防安全许可
	10	职业介绍机构组织的职业招聘洽谈会安全保卫方案批准
	11	举办人才招聘洽谈会的安全保卫工作方案批准
	12	举办大型社会活动治安登记
	13	安全技术防范工程设计审核
	14	安全技术防范工程竣工验收审批
	15	雇用外省市驾驶员登记备案
	16	公务用枪持枪证件核发
	17	民用枪支持枪证件核发
	18	民用枪支配购、配置批准（专门从事射击竞技体育运动的单位和营业性射击场配置射击运动枪支除外）
	19	枪支运输许可

续表

类别	序号	业务事项名称
		公安局
行政许可	20	确定民用枪支配售企业、核发民用枪配售许可证件
	21	举行集会、游行、示威活动审批
	22	安装使用电网许可
	23	影响交通安全的占道施工许可
	24	机动车检验合格标志核发
	25	机动车驾驶证核发
	26	机动车驾驶证定期审验
	27	非机动车登记
	28	机动车登记
	29	机动车临时通行牌证核发
	30	建设工程消防设计审核
	31	建筑工程竣工消防验收
	32	歌舞厅、影剧院等公众聚集场所使用或开业前消防安全许可
	33	大型集会、烟火晚会等具有火灾危险的群众活动现场消防安全许可
	34	消防设备操作控制等有关人员上岗证
	35	大型、控制爆破作业批准
	36	爆破员作业证核发
	37	爆炸物品储存许可证核发
	38	爆炸物品使用许可证核发
	39	爆炸物品运输许可证核发
	40	爆炸物品购买许可证核发
	41	临时存放爆破器材审批
	42	农民因盖房或其他用途确需要进行爆破作业批准
	43	使用氯酸盐配制烟火剂及拉炮、摔炮等其他危险品许可
	44	爆破员工程技术人员安全作业证核发（初级）
	45	民用射击场设置许可
	46	民用射击场竣工使用批准
	47	剧毒化学品公路运输通行证核发
	48	剧毒化学品购买凭证或准购证核发
	49	旅馆业特种行业许可证核发

续表

类别	序号	业务事项名称
		公安局
行政许可	50	公章刻制业特种行业许可证核发
	51	烟花爆竹运输许可证核发
	52	经营典当业特种行业许可证核发
	53	安全技术防范产品生产、销售审批
	54	麻黄素运输许可
	55	边境管理区通行证核发
	56	焰火晚会烟花爆竹燃放许可
	57	弩的制造、销售、进口、运输、使用审批
	58	易制毒化学品购用证明许可
	59	机动车延缓报废审批
	60	大型群众文化体育活动安全许可
	61	邮政局（所）安全防范设施设计审核及工程验收
	62	军工产品储存库风险等级认定和技术防范工程方案审核及工程验收
	63	金融机构营业场所、金库安全防范设施建设方案审批及工程验收
	64	设立保安培训机构审批
	65	爆破作业和爆破器材安全员作业证核发
	66	爆破器材保管员作业证核发
	67	爆破器材押运员作业证核发
	68	互联网上网服务营业场所信息网络安全审核
	69	机关、团体、学校等单位刻制印章审批
	70	设立营业性演出场所安全性审批
	71	开展殡仪服务许可
	72	外地来京人员遗体运回原籍批准
行政确认（类似公共服务）	1	淫秽物品鉴定
	2	公民民族的变更更正
	3	重大火灾隐患的认定及公告
	4	消防安全重点单位的确认
	5	火灾责任认定
	6	火灾原因认定

237

续表

类别	序号	业务事项名称
		公安局
行政确认 (类似公共 服务)	7	对当事人生理、精神状态、人体损伤、尸体、车辆及其行驶速度、痕迹、物品及现场道路状况的检验和鉴定
	8	对当事人交通事故责任的认定
	9	办理暂住证
	10	迁往市外
	11	小城镇户口迁移
	12	分户、立户
	13	公民出生日期的变更更正
	14	公民姓名的变更更正
	15	管制刀具认定
	16	公民职业、服务处所、文化程度、公民婚姻状况登记事项的变更更正
	17	失踪后注销户口又寻回人员的户口恢复
	18	办理复员、转业和退伍人员入户登记
	19	出国出境归来人员恢复户口
	20	市外迁入登记
	21	市内他所迁入登记
	22	服兵役户口注销登记
	23	失踪人员户口注销登记
	24	死亡注销登记
	25	出生登记
	26	市劳动局、人事局等部门批准调工、调干、大中专毕业生在京入户
	27	国务院和市政府批准的外地在京设立的驻京办事处和联络处编制内人员申报常住户口
	28	夫妻投靠、老人投靠子女、子女投靠父母入非农业户口
	29	留学人员来京创业工作
	30	中央及市属单位调工、调干在京入户、大学生毕业分配在京入户
	31	随军家属在京落户
	32	占地农转非户口
	33	刑满释放、解除劳教人员在京入户、刑期未满保外就医报暂住户口
	34	退兵在京入户

续表

类别	序号	业务事项名称
		公安局
行政确认 (类似公共 服务)	35	退学在京入户
	36	外省市人员夫妻投靠、老人投靠子女、子女投靠父母入农户
	37	本市小城镇农民转为居民
	38	夫妻投靠、老人投靠子女、子女投靠父母农转非
	39	母亲由本市出国、在国外期间生育的子女在京入户
	40	外地来京投资开办私营企业人员在京入户
	41	寄养未成年人在京入户
	42	公民收养小孩在京入户
		环保局
核心职能	1	统一监督管理北京地区内大气、水体、土壤、噪声、固体废物、有毒化学品以及机动车等的污染防治
	2	调查处理重大环境污染事故和生态破坏事件
	3	定期发布本市大气、水等环境质量状况,发布本市环境状况公报
	4	按照国家规定审批开发建设活动环境影响报告书
行政许可	1	符合规定排放标准的机动车车型认定
	2	船只进入两库一渠水面批准
	3	在砂石坑、窑坑、滩地等低洼地倾倒、存储废弃物批准
	4	放射性同位素工作许可登记证核发
	5	放射防护设施使用审批
	6	机动车排气污染检测机构委托
	7	机动车达标排放行驶许可
	8	大气污染物排放许可证核发
	9	生产、销售、使用放射性同位素和射线装置许可证核发
	10	固体废物转移至本市储存、处置许可
	11	储存、处置危险废物经营许可证核发
	12	水体污染排污许可证核发
	13	危险废物收集经营许可证核发
	14	建设项目环境影响报告书批准
	15	建设项目防治污染设施竣工验收
	16	防治污染设施的拆除或者闲置许可
	17	危险废物转移审核（跨省、直辖市）

附表3 应松年《公共行政学》对政府职能的划分

类别	政府职能
政治范畴	(1) 保卫国家安全。要求政府组织国防建设，维护国家主权和领域完整，抵御外来侵略，并且在有能力的情况下参与保护世界和平和地区安全。 (2) 协调对外关系。要求政府制定和执行有利的外交策略，正确处理和协调与世界各国的关系，促进国际政治经济文化的合作和友好往来，恰当而充分地发挥本国在国际事务中的积极作用，为自己的发展进步创造一个良好的国际环境和空间。 (3) 保证民主权益。要求政府保护公民的宪法权利，包括尊重和保障人权、财产权、言论自由权、劳动权、平等权等宪法规定的权利和自由，扩大公民有序的政治参与，保证人民的民主选举、民主决策、民主管理和民主监督权利。 (4) 界定和保护产权。要求政府切实制定和执行有关的法律，保障产权免受国家、集体或个人的各种形式的侵害，真正做到私有财产和公有财产一样神圣不可侵犯，使政府确实成为公有财产和公民私有财产的守护者。 (5) 维护社会秩序。要求政府通过恰当运用国家强制力量来使法律得到遵从，从而为公民的生活提供一个健康安全的社会秩序
经济范畴	(1) 宏观经济调节。最终目的是促进经济增长、增加就业、稳定物价和保持国际收支平衡。围绕国家经济和社会发展规划，适时调整经济结构，协调不同产业之间的增长和发展，正确利用税率、利率、价格、国债等财政和货币政策，来保证国家经济的平稳健康运行，解决外部效应，克服信息不对称。 (2) 市场监督管理职能。主要体现在完善市场法规制度，并依法对市场主体的经营行为进行监督，惩处各种违法经营行为和不正当竞争行为。完善市场体系，消除市场壁垒，规范垄断行业，建立社会信用，维护良好的市场经济秩序，保护投资者、经营者和消费者的合法权益，为各类经济主体营造一个公平竞争和安全有效的市场环境。 (3) 国有资产管理。主要表现为政府依据法律，代表国家以适当的形式对国家企业、基础设施和重要自然资源履行出资人职责，地方政府则对地方所属的国有资产履行出资人职责，实现国有资产保值增值的目的。 (4) 环境保护职能。表现为政府通过执行法律、制定和发布法规规章并监督实施，有效地阻止和治理各种污染，保护和合理利用自然资源，加强对空气、水源、湖泊、海洋、土地、林木、草原、矿产等的保护与管理，为国家和社会的可持续发展和提高人民的生活质量提供保障。 (5) 公用基础设施建设。是指政府要承担起私人有能力却不愿做、愿意做却没有能力做到那些与公共利益相关的基建任务，包括水利、电力、交通、民航、水运、港口、电信、广播、电视、燃气、自来水、垃圾处理等所需要的基础设施等
文化范畴	(1) 制定教育、科学、文化发展总体规划。 (2) 制定和执行科学教育文化的法规政策。 (3) 建立国家知识创新体系，组织力量对国家重大科学技术研究项目进行协调攻关。 (4) 指导、监督、协调文化教育科研机构有效地贯彻国家的教育、科学、文化发展规划。 (5) 组织进行教育文化科技管理体制改革。 (6) 有效配置资源，不断进行教育科学文化事业的基础设施建设。 (7) 指导和规范文化市场建设和文化产业发展。 (8) 促进对外文化交流等

类别	政府职能
社会范畴	（1）建立和完善涵盖养老、失业、医疗等各种保险在内的社会保障制度，以完备的法律法规和运行机制保证这套制度的正常运转。 （2）建立一套有效的机制使社会的贫弱者得到生活救济，保证社会的公平和稳定。 （3）制定政策措施，促进健全有效的就业服务体系。 （4）通过转移支付等政策措施，对落后地区实施援助，通过健全得当的税收体系和二次分配制度，缩小贫富差距。 （5）指导和帮助非政府非营利公共组织的健康发展，推动社区和乡村基层组织自治。 （6）拟定医疗卫生和体育事业发展规划，改革医疗、卫生、体育管理体制，进行医疗、卫生、体育的基础设施建设，健全医疗、卫生、体育服务体系，制定医护标准，监督医护服务质量，提高公民健康水平。 （7）必要时进行人口的规划管理等

后　记

本书是在社会公益项目"法人库标准体系"研究的主要成果内容的基础上整合而成，该项目研究成果由五个研究报告、七个标准草案和一个工作平台组成。项目负责人：易验、周钢；项目参与人：路源、葛健、李广乾、徐剑、罗军、胡昌川、冯翔、刘莎、龚月芳、司琳华、洪悠悠、孙建军、单武、黄克、侯维亚、杨义、李辉、阎占辉、陈宇、陈坚、祝世伟、郭慧馨、丁毅、刘勇等。项目参与单位：河北省标准化研究院、广东省标准化研究院、成都市标准化研究院、湖北省标准化研究院、陕西省标准化研究院、北京市标准化研究院、国务院发展研究中心技术经济部、中国社会科学院工业经济研究所、北京扬帆远航科技有限公司，课题早已结项。

具体研究报告包括：

《法人单位基础信息库标准体系研究》；

《主数据管理与国家法人库建设》；

《法人库标准体系架构与模块化研究》；

《法人库在政务管理应用中的标准化研究》；

《法人库信息资源在公共服务中的应用研究》。

技术标准包括：

《法人单位基础信息库标准体系表》；

《法人单位基础信息库标准化工作指南》；

《法人单位基础信息术语》；

《法人单位基础信息数据元目录》；

《法人单位基础信息资源元数据》；

《法人单位基础信息数据核对技术规范》；

《法人单位基础信息数据交换技术规范》。

展示服务平台包括：

法人单位基础信息库标准体系展示服务平台。

本书编委会人员：

周　钢　全国组织机构代码管理中心部门主任/高工

易　验　全国组织机构代码管理中心高级工程师

司琳华　全国组织机构代码管理中心高级工程师

洪悠悠　全国组织机构代码管理中心工程师

张瑞霞　全国组织机构代码管理中心部门副主任/会计师

陈　宇　全国组织机构代码管理中心助理工程师

杨秀军　中央编办电子政务中心副主任/高工

井　华　民政部民间组织管理局处长

石跃军　国家工商总局信息中心副总工程师/高工

魏炎玲　国家税务总局信息中心处长/高级工程师

冶静怡　国家统计局普查中心处长/高级统计师

葛　健　中国社科院工业经济研究所信息网络室副主任/博士后/副研

刘　勇　中国社科院工业经济研究所投资与市场室主任/博士

黄　克　广东省标准化研究院副院长/高工

徐　剑　广东省标准化研究院博士后/副研

冯　翔　湖北省标准化研究院副院长/高工

路　源　河北省标准化研究院高级工程师

龚月芳　河北省标准化研究院助理工程师

侯维亚　陕西省标准化研究院院长/研究员

孙建军　陕西省标准化研究院工程师

胡昌川　成都市标准化研究院工程师

刘　莎　成都市标准化研究院助理工程师

陈　坚　湖南省标准化研究院工程师

单　武　北京市信息资源管理中心硕士/高工

祝世伟　中央财经大学信息管理系讲师/博士

郭慧馨　北京联合大学电子商务系副教授/博士后

丁　毅　中国社科院工业经济研究所产业组织室副研究员

编委会成员都对课题研究做出了重要贡献，课题组几经讨论，拟将研究报告形成书稿，最后决定由项目子课题《法人库信息资源在公共服务中的应用研究》负责人葛健，组织社科院参与同志整理成专项著作出版。这里只取其中的几个子项目研究报告的核心内容——《法人库信息资源在公共服务中的应用研究》《主数据管理与国家法人库建设》《法人库标准体系架构与模块化研究》。随着信息技术飞速发展，国家基础信息库建设日新月异，如今，统一社会信用代码的推进就与国家法人库建设分不开，课题更加全面的内容成书有待细化整理，我们将结合目前法人库的应用实际，择机再出专著。